市政工程建设管理理论与实践应用探究

王建军　谭华东　柏国箭◎主编

时代文艺出版社
SHIDAI WENYI CHUBANSHE

图书在版编目（CIP）数据

市政工程建设管理理论与实践应用探究 / 王建军,
谭华东, 柏国箭主编. -- 长春：时代文艺出版社,
2024. 1. -- ISBN 978-7-5387-7393-4

Ⅰ . TU99

中国国家版本馆CIP数据核字第2024JK5561号

市政工程建设管理理论与实践应用探究
SHIZHENG GONGCHENG JIANSHE GUANLI LILUN YU SHIJIAN YINGYONG TANJIU

王建军　谭华东　柏国箭　主编

出 品 人：吴　刚
责任编辑：陆　风
装帧设计：文　树
排版制作：隋淑凤

出版发行：时代文艺出版社
地　　址：长春市福祉大路5788号　龙腾国际大厦A座15层　（130118）
电　　话：0431-81629751（总编办）　　0431-81629758（发行部）
官方微博：weibo.com/tlapress
开　　本：710mm×1000mm　1/16
字　　数：270千字
印　　张：19
印　　刷：廊坊市广阳区九洲印刷厂
版　　次：2024年1月第1版
印　　次：2024年1月第1次印刷
定　　价：76.00元

编 委 会

主 编

王建军　晋中市建设工程质量和安全服务中心

谭华东　泰安市园林绿化管理服务中心

柏国箭　内江市市政设施建设管护中心

副主编（以下排序以姓氏首字母为序）

李雪瑾　郑州市市政公用工程检测有限公司

聂钰坡　郑州市市政公用工程检测有限公司

宿洪智　潍坊正源路桥工程有限公司

张亚伟　郑州市市政公用工程检测有限公司

刘英君　潍坊经济区城市建设投资发展集团有限公司（山东潍坊）

前　言

　　一个城市的基础市政工程设施是否优良是城市健康发展与否的重要判断标准之一，它也能从整体上体现出城市的文化和精神，同时是广大城市市民和谐城市生活的物质基础。随着国民经济的快速发展和科技水平的不断提高，市政工程建设领域的技术也得到了迅速发展。在快速发展的科技时代，市政工程建设标准、功能设备、施工技术等在理论与实践方面也有了长足的发展，并日趋全面、丰富。

　　本书在编写时，注意联系相关学科基本理论，注意突出对解决工程实践问题的能力培养，力求做到层次分明、条理清晰、结构合理。本书引用了大量规范、专业的文献等资料，恕未在书中一一注明。在此，对有关作者表示诚挚的谢意。本书可作为工程技术人员和管理人员学习施工管理知识、进行施工组织管理工作的参考资料。对书中存在的疏漏，恳请广大读者批评指正。

目　录

第一章 绪论

第一节 城市

一、城市的起源

到目前为止，人类在居住方式上已大致经历了三次重大变革。第一次是前农业化时代，人类由居无定所、散若星辰的生存方式发展到使用半永久性居舍，并小规模聚合，最终过渡到定居于乡村聚落；第二次大的变动是在农业化时代，固定城市的出现，城市设施不断完善，城市规模不断扩大；第三次是在工业化时代，城市星罗棋布，城市化浪潮势不可挡，居住于城市成为人类生存方式的主流。

根据考古学的研究成果，人们普遍认为，城市产生的历史在西方最早可以上溯到公元前3500年两河流域古巴比伦人的筑城历史。印度河流域的城市则形成在公元前3000至公元前2500年。在中国，可以上溯到夏王朝（公元前2000至公元前1600年）的筑城作邑。

"城市"一词，属"城"与"市"连用。"城""市"二字连用，最早见于《韩非子·爱民》，有"是故大臣之禄虽大，不得藉威城市；党羽虽众，不得臣士卒"之语。

城字最初指城墙，内者称城，外者称郭；后引申为有城垣环卫之都邑，再后来又引申为筑城。早期城市作为国家政治中心和防御体系的功能，尤其在中国古代城市上体现得最为明显。我国在西周以前，城镇体系尚未形成，众多的奴隶主建设各自的政治经济中心城邑。春秋战国时代奴隶主的互相兼并，促进了城市的发展，战国七雄的首府已是较大的城市，其城市职能主要是政治中心兼经济中心，秦始皇统一中国，建立了中央集权制的封建王朝，开始有了全国性的城镇体系。封建王朝的首都，成为全国的城镇体系中心。秦都咸阳、汉都长安均位于现在的西安附近，西汉末年，长安人口已达 40 万人。到了唐代全盛时，人口已达百万，而且有国外的使臣和商人云集于此，长安已是闻名于世的国际性大都市了。这种以行政职能为主的封建性特大城市和由诸侯割据的中心城市组成的城镇体系模式，在中国一直延续到 19 世纪中叶。

市字之本义，乃聚集货物进行买卖，后引申为相对固定的商品交易场所。市，还有大市、早市、晚市之分。因市多在城内，也可用以代表城邑。城市也可专指城中之市。

随着社会经济的发展，城与市的功能联系日趋紧密，作为城最初本义的城墙多已不存，即使存在亦早已不是城市外围边界，市的地位和作用却直线飙升，更加突出强化；城市的数量越来越多，规模越来越大，距离也越来越近。到如今，城市的定义也变为"人口集中、工商业发达、居民以非农业人口为主的地区，并成为周围地区政治、经济、文化的中心地方"。

根据对城市的考古发掘和研究，学术界对城市起源大致有四种说法。第一种是"防御说"。《吴越春秋》有云："筑城以卫君，造郭以卫民。"过去的城市皆有城墙，且大多不止一重，因而有内城、外城之别。内城皇帝和高官居之，外城则居住平民百姓。建筑城郭的主要目的是防御外敌侵犯，同时兼有防御水患之意义，这是从军事和安全角度阐释城市起源。第二种是"集市说"。此说突出"市"的功能，认为随着社会生产发展，人们手里有了多余的农业、畜牧业、手工业产品，需要集市进行交换，后逐渐固定，聚集者越来越多，就先有"市"，后来将周围建墙围起，便又有"城"，则城市就此形成。这是从经济学角度阐释城市起源。第三种是"分工说"。认为生产力的发展导致社会大分工的发生、发展和商品交换的产生，继而小商品生产出现和发展。人们相互交换劳动的活动，以商品交换的方式实现，需要有交换的时间和场所即市场，于是"日中为市，贸通有无，日落而散，某些处于交通枢纽，或人口相对集中、交换较为方便频繁的村落，便成为周围十余里，数十余里小生产者约定俗成的交易市场，年深日久，这些村落便发展成为"集镇"—城镇—城市。城市和城镇成为某一地区商品交换的集散地和需求信息的发布地，它逐渐吸纳着外来的小商品生产者定居，扩大着自己的规模，与周围农村形成明显的不同的产业特色和环境特色，成为区域性的某类商品的专业市场或多类商品的综合市场，同时又通过商品集散与周围农村经济形成千丝万缕的联系，逐渐成为某一地区的经济中心。这是从社会学角度阐释城市起源。第四种是"庙宇说"。认为如果没有对权威的尊重、对某种场所的依附及对他人权力的服从，城市就不可能存在。能够使远比一个家族更大的社会群体凝聚在一起的力量就是宗教崇拜。先有庙宇，然后拱卫之而出现其他设施，包括市场、居所，再筑城，这便是"庙宇说"。这是从宗教学角度解释城市的出现。以上四种理论都有事实依据，但城市的出现与发展往往是以上几个因素综合作用的结果。

当然，城市的产生也有客观方面的条件。首先，要有充足的水源。春秋时，齐国大政治家管仲在《管子·乘马》中指出，"凡立国都，非于大山之下，必于广川之上，高毋近旱而水用足，下毋近水而沟防省。因天材，近地利"。就是说，凡营造国都，不建在大山之下，也一定要建在大河的近旁。高的地方不可近于干旱地区，以保证用水的充足；低的地方不可近于水洼地带，以节省沟堤的修筑。一定要依靠自然资源，凭借地势之利建设城市。管子阐明了建设国都、建设城市的基本原则，这也是历史上建设城市经验的总结。其次，交通要便利。货物交换、市场运作离不开运输，而运输效率则明显受制于地理因素。所以城市或建立于平原开阔地带，或依山而建，但有通路与外界联系，大型城市必是交通枢纽，四通八达。再次，周边地区物产状况。城市人口一般不直接从事农业生产，生活资料需要周边人口提供。所以周边物产状况直接决定了城市是否能够存在、存在规模和发展极限。最后，就是人口因素。没有人，城市便会变为死城而消失。城市周边地区的人口和城内人口要在合理比例的范围之内。人口的稠密度决定乡村能否养活城市。当然，生产力越发达，科学技术越先进，人类克服客观困难的能力越强，人类建立城市所受上述某种因素制约的程度就会越小。但人类也绝非万能，因为克服自然因素的过程无疑会增加成本，破坏自然生态系统，近则承受不起经济的压力，远则招致大自然的惩罚。

随着生产力和生产关系的逐步发展，中西方早期城市的两大功能互相渗透，中国城市沿着先有城、后设市的道路发展，西方城市沿着先有市、后设城的方向发展，终于城市具有某一国家或某一地区政治、经济以及文化中心的综合功能于封建社会中期在东西方的城市都具备了。

城市成为聚集经济和信息能量，聚集人力资本的聚合中心，同时又是不断扩散能量与信息，带动周围广大腹地发展的裂变中心。纵观世界近现代史，城市建设与城市体系的形成，即城市化的发展水平便成为衡量一个国家或地区发展程度的重要标志。

二、城市的涵义与功能

（一）城市的涵义

城市是人类社会发展到一定历史阶段而在特定的地理空间上形成的功能综合体。城市是生产发展和人类第二次劳动大分工（即商业与手工业从农业中分离出来）的产物，是私有制和阶级分化的产物，是经济发展、科技进步、人类生活需求提高的必然结果。

系统辩证论认为，城市是指以有组织的人的群体为主体，以一定空间和自然环境为实践客体，以集聚经济社会效益为目的，以集约人口、经济、科学文化为特点，并与周围环境进行物质、能量、信息交流的空间地域开放的大系统；城市是一定空间地域内经济社会发展的系统核心。

城市的生存和发展离不开农村，但城市与农村又是两个相对立、相区别的人类生活的区域，两者在产业结构、人口数量、生产方式、生活方式及行政管辖等方面呈现出重大差异。城市是一个地区、甚至是全国的政治、经济和文化的中心，处于领导或支配的地位，对整个社会经济的发展起着巨大的推动作用。

我国 1955 年曾规定市、县人民政府的所在地常住人口数大于 2000 人、非农业人口超过 50% 以上，即为城市型居民点。工矿点常住人口如不足 2000 人，但在 1000 人以上，非农业人口超过 75%，也可定为城市型居民点。

（二）城市的功能

城市作为不断发展演变的复杂综合体，具有多种作用或功能。如防御功能、政治功能、经济功能、文化教育功能、能源聚集和输送功能、信息传播功能等。在不同的历史时期和不同的地域，它的功能会有所侧重。比如，在生产力发展水平较为低下的奴隶社会和封建社会，统治阶级为了维护自己的利益，便以武力建立国家，划分权力范围，设立城池，修筑宫殿、城墙，驻扎军队。这时其主要功能就是防御和政治功能。中国古代的许多城市都是国都或地方的政治中心，以防御和政治功能为主。而在海港、码头和运河沿线的城市，大多以经济功能为主。以文化教育功能为主的城市，在当时还没有真正形成。而在国外，很多早期城市的功能是以经济功能为主。

城市的功能也会随着生产力发展水平、国家政策、城市规模、城市人口、产业结构、资源、能源、交通等因素的变化而变化。比如，我国在革命战争时期，国内大多数城市主要作为政治中心，政治功能占主导地位。

而在改革开放后的经济建设时期，在政策指引和经济快速发展的客观要求下，我国各地的城市都在不断加快城市化（或都市化）进程。城市不仅成为地区的政治中心、经济中心和文化中心，而且还成为农村人口转移和安置中心。城市增加了人口转移、安置功能，并提升了土地价值。

三、城市的发展

（一）古代的城市发展

古代城市的产生迄今已有 5000 年的历史。由于生产力发展水平较低，古代城市系统结构和功能很不完善，很不齐全。城市首先是在水利、农业、产品、交通等城市要素较为优越的社区或居住点首先形成和发展。据历史记载和考证，在古埃及，从公元前 3200 年到公元 322 年，在尼罗河流域出现了孟菲斯、底比斯、法雍等城市；在古西亚的底格里斯河与幼发拉底河两河流域先后形成了巴比伦、马尔、马鲁克、尼普尔、加拉什等城市；在古希腊与古罗马于地中海沿岸建立了马西里亚、叙拉古、拜占廷、斯巴达、雅典和罗马等城市。在我国，在黄河流域形成了商城、殷城等城市。

古代城市在几千年的历史长河中能够缓慢持续地发展，主要是以下几个因素的作用和影响：

（1）野兽的侵袭和原始部落之间的战争。为了防止野兽的侵袭和原始部落之间的战争，人们在原始居民点的周围挖深沟、垒石墙、装木栅栏等防御设施。防御设施的不断增加和完善就成了世界各地早期城市发展的主因。

（2）社会大分工和商品交易的发展。从古代城市的产业结构来看，手工业和商品交换的发展，使手工业者和商人首先在交易场所聚集起来，形成早期城市。从功能来看，商品交换使早期城市成为流通与生产的中心；另一方面它又是统治阶级的政治统治中心——奴隶主对周围区域进行剥削和压迫的中心。从城市系统整体来看，凡是生产力比较发达的地区，城市就比较集中，商业与手工业也比较繁荣，城市的规模也就越大。我国历史上的齐国都城临淄，在齐宣王时期已发展成拥有 7 万户、10 万人口的都市，是当时齐国鱼、盐、文彩、布帛生产与贩运中心。据考证，临淄古城总面积达 60 平方千米，并发现有冶铁、炼铜、铸钱和管器作坊的大量遗址。

早期城市除了手工业商品与剩余的农副产品的交换功能外，还是社会、宗教、政治、军事、科学、文化、手工业作坊的中心。

（3）社会形态的发展深深地影响着城市的发展。在中国的古代城市中，统治阶级的宫城居于城市的中心位置并占据很大的面积，而奴隶和自由民的住所则位于近宫及外围。公元前 2500 年前，古埃及为修金字塔而建的卡洪城就把城市分为东、西两部分，东部为贵族居住区，西部为贫民居住区。罗马帝国时期，奴隶主用掠夺来的财富驱使奴隶建造了罗马城及豪华的宫殿、寺庙、浴池、斗兽场等。

（4）政治体制对城市的发展有着直接影响。我国古代，实行中央集权的各朝各代都把城市的政权中心（即政治中心）作为建设的重点，不顾百姓疾苦，大兴土木，广建宫殿、官府衙门等。而欧洲早期城市的政治中心是城堡或庄园，经济中心则是城市。

（5）经济制度对城市的发展有着重要影响。在君主专制制度下，中国古代的城市不重视经济和贸易的发展，多数城市一直维持着小农经济和简单的手工业生产。因此，只在很少的商路交通要地、河流交汇点形成了一些商业都会，如苏州、扬州、杭州等。而欧洲很多沿海城市很早成为商旅交通繁荣的中心，如意大利的威尼斯、法国的马赛、德国的汉堡等。

（二）中世纪城市的发展

中世纪是指欧洲各国的封建社会时期，年代大致是公元 476 至 1640 年，前后约 11 个世纪。这一时期的城市叫做中世纪城市。

封建社会的生产力比奴隶制社会有了巨大进步。社会分工不断扩大和完善，商品生产和交换愈加频繁，交通运输手段增多并广泛利用，交通条件更加方便。这时在一些主要河口和海岸出现了一些以商业为中心的城市。中世纪城市的主要特征：一是商品市场和贸易中心；二是初步成为政治、经济和文化中心；三是对城市管理的法律条文开始产生；四是生产以手工业为主，规模小、产量低、技术落后；五是城市人口增长缓慢。这一时期，由于商品经济的多样化发展，逐渐出现了不同类型和不同性质的城市。如以贸易为主的城市，以消费为主的城市，消费与生产兼有的城市，以农业为主的居民城市等。这几类城市在中世纪的欧洲出现，说明了城市内部结构和功能逐步完善。

我国封建社会大约从公元前5世纪到1840年鸦片战争，共计2300多年时间。在这漫长的封建统治时期，城市也随朝代的更替经历了不同的历史发展阶段。在不同的历史发展阶段中，城市与城市经济的发展具有以下几个特点：

一是城市的分布由北向南转移。城市兴于黄河流域，逐步向淮河流域、汉水流域、长江流域、钱塘江流域转移。随城市布局的南移，我国的经济重心也由北向南转移。

二是城市的行政职能比较突出。因诸侯争霸、封建割据，王都与郡县大都是统治阶级为了统治和掠夺的需要而兴建的，城市经济表现出对行政的依附性。

三是南方城市出现相当规模的商业城市。随着海上贸易的发展，水路对经济发展的重要性显现出来，广州、扬州、武昌、南京、长沙等城市都成为具有一定规模的商业中心城市。

四是以手工业和工业为主的城市发展比较薄弱。

五是多次出现了政治中心与经济中心分离的局面。

以上特点，说明了我国封建社会城市和城市经济的发展同欧洲中世纪城市的发展相比，具有明显的落后性和局限性。这种落后性主要表现在城市经济对行政的依附性，这样经济发展就失去了积极性和主动性，而表现出封建闭守的僵化性。

（三）近代城市的发展

所谓近代城市，是指从 1640 年英国资产阶级革命开端到 1917 年俄国社会主义革命这一历史时期的城市。随着资本主义生产关系的确立与发展，以蒸汽机发明、大规模工业生产和推广应用为基础的城市工业迅速崛起。大工业城市的数量急剧增加，城市人口迅速膨胀，形成了近代城市的巨大变化。英国是第一个走上工业化道路的国家。随后，德、法、美、葡等国家也相继完成了工业革命。城市的数量和规模有了空前的发展。

中国历史上的近代，是指 1840 年鸦片战争到 1919 年的五四运动，为半殖民地半封建时代。在这一时期，帝国主义列强的侵略和掠夺，严重地摧残和扼杀了处于萌芽状态的中国资本主义近代工业。中国没有爆发工业革命，整个经济与城市经济呈现出极度复杂的混乱状态。这时的近代中国城市没有得到正常的发展。

随着资本主义在世界范围内的迅速发展，近代城市也得到了较为充分的发展。其具体特征表现在以下几个方面。

1. 人口向城市迅速聚集

工业革命带来了城市革命，带动了商业和贸易的发展，大量农民失去土地、流入城市，城市人口迅速膨胀。

2. 资源的高度集中

近代城市出现了生产力的高度集中，社会财富的高度集中，规模企业的高度集中，人口消费的高度集中，城市建设规模的高度集中。城市成为整个国民经济和地区经济的中心。

3. 城市布局发生变化

工业化的不断发展，使城市里形成了不同的功能分区。如：在工厂区外围形成了生活区、服务区、仓储区、商业区等，还形成了公共建筑、金融机构、铁路、车站、码头等。城市的功能分区日益明确，城市的类型也逐渐增加，形成了港口贸易城市、矿业城市、交通枢纽城市等不同的城市类型。

4.改变了周围的自然环境

一方面，随着城市面积的扩展，市民与城郊田野的距离增加，城市愈大，市民接触自然环境的距离愈远；另一方面，工业生产中排放的废气、污水以及其他有害物质等，对居民的生活环境产生不利的影响。城市居民生活水平的提高也会产生大量的生活污水及固体废弃物，致使城市物质生活提高的同时，伴生了对环境的负面效应。

5.科学技术的发展带来了城市的聚集效应和高质量的城市生活

工业的发展、工业门类的增加、科技的进步、多种产业的协作、科技的交流使城市产生了巨大的聚集效应和规模效益。商品的交流和聚散、信息的发达、人口的集中和流动使城市成为物流、人流、信息流的中心。科技的发展，也促进了城市基础设施和公用事业得到明显改善。例如道路、供水、排水、供电、供热、供气、通信达到了集中化的程度。防洪、排涝、防火都已成为城市内部结构不可分隔的一部分。自来水、电灯、电话、煤气、公共汽车、电车、地铁、污水处理系统等技术上的不断改进，使城市的物质生活达到很高的水平。学校、剧院、图书馆、博物馆、娱乐设施的集中也使城市的文化生活水平不断提高。

综上所述，近代城市的兴起与发展，使人类社会的物质文明与精神文明进入到一个新的历史阶段，并为现代城市的产生提供了雄厚的物质基础和丰富的精神前提。

（四）现代城市的发展

19世纪末和20世纪初，特别是第二次世界大战后至20世纪50年代中，自由资本主义进入到帝国主义阶段，世界进入了现代城市的发展阶段。这是整个城市发展历史过程中极为重要的时期。在这个时期内，世界范围内经济复苏，工业再度快速发展起来，城市人口规模不断扩大，城市化进程不断加快。并且，出现了前所未有的特大都市、大都市区、都市带和都市系统等。

目前，世界城市人口已超过总人口的50%。与此同时，城市发展和建设也出现了以下特点。

1. 城市对外交通发生了很大变化

航空、汽车取代了火车及轮船的地位，机场与火车客运站成为城市的"大门"。国际经济全球化的趋势使很多港口城市结构布局更具个性特色。

2. 老城中心地区出现衰退现象。

由于人口过于集中于老城中心，居住环境恶化，加上汽车交通的发达，部分经济条件较好的城市居民选择城郊购房置业，造成城市中心衰退。

3. 外延扩展成为大城市发展的主要形式

为了分散、化解不断加快的城市化进程所带来的人口激增、土地紧张、房价高涨、资源紧缺等问题，城市的外延扩展已成为城市发展的主要形式，并呈现不同的发展形态。其形态有：大城市呈中心向外圈层式扩展的形态、单中心沿交通干线的放射发展的形态、中心城与周边卫星城的发展形态、多中心开放组合式发展形态、以中心为核心形成紧密联系的城镇群的形态等。

4. 特色产业群已成为城市规划发展所考虑的重点

由于世界经济一体化以及跨国公司、企业集团的发展，一些发达的城市、城镇形成了特色产业密集的地区。为了促进特色产业的发展，很多城市、城镇都已把特色产业产品的生产、销售、运输等过程统一纳入城市规划中，使城市的发展更具有产业特色。

5. 可持续性发展已成为人们的共识

由于经济的高度发展，人类对自然的改造以及对地球资源的过度开发利用，造成了生态环境的严重恶化。人们已在严酷的事实中认识到"只有一个地球"的现实。在 1996 年巴西里约热内卢的联合国政府首脑会议上，各国首脑联合宣言，提出了可持续性发展的号召。城市规划中也已普遍引入了这一思想，如对自然资源的保护、对历史文化遗产的保护和继承等。

6. 信息化是现代城市的突出特点

以计算机技术为代表的信息产业的发展，很多国家已进入后工业社会，即信息社会。计算机进入了社会的各个方面，城市中办公、教育、医疗、购物等方面的信息化、远程化，居住建筑的智能化等，都将促使城市发展形态、发展模式的更大变化。

现代城市是日益扩展着的现代经济活动中心，它拥有现代化的工业生产系统、商业贸易系统、交通运输系统、科技文化系统、公共服务系统、信息传输系统等。现代城市结构复杂、层次合理、功能多样而齐全，它集约着物质、能量和信息等要素。现代城市通过强有力的政权机构、雄厚的经济实力和各种先进的设施来实现对其他地区的统治和联系，成为一个地区、一个国家的政治、经济和文化中心。

（五）城市的衰亡

城市是一个系统的动态发展的整体。在城市系统发展过程中，它已经走过了古代城市、中世纪城市、近代城市、现代城市等不同的系统过程和阶段。随着社会生产力的发展，现代城市的发展方向就是城市化，最终达到城市衰亡。

1. 城市化的概念

所谓城市化是指城市系统的发展壮大，分散的乡村人口转变为城市集中的不同结构层次的人口的社会进步过程。

2. 城市化的具体特征

（1）城市人口的迅速增加和城市人口比重的迅速提高。包括原有城市人口的增长，农村人口向城市的转移，新兴城市的建立与出现，原有城市的扩大，行政区的调整，农村成为城市的一部分。这里核心的问题，是变农村人口为城市系统的人口，引起城市人口绝对数量的增加，增加了城市人口占总人口的比重。这个过程的快与慢取决于社会生产力的发展，取决于宏观城市与城市经济发展规律。

（2）城市规模的急剧扩大和新兴城市的大量出现。目前在世界范围内，城市化的进程已大大加快。在美国与英国的东海岸，出现了沿海区域的城市带，这一区域内已实现了城市化；在我国长江三角洲地区，正在逐渐形成以上海为中心，包括苏州、无锡、常州、南京在内的城市群体；还有以某一个特大都市为中心，在其周围建有不同层次的城区与城镇，使城市系统的结构层次不断地向周围区域传输物质、能量、信息，使周围镇、区、村的生产与生活都纳入中心城市的辐射环内，协同运转。这种城市化现象，我们称之为城市环，不论是城市带、城市群体、城市环的出现，还是城乡一体化道路，都是加速城市化进程的可行模式。

（3）城市与乡村之间在生产方式和生活方式方面的差距正在逐渐缩小。广大农村实现通水、通电、通信及城市化，手工农业生产方式转变为机械化生产方式，农村生活方式转变为城市生活的方式。从事农业生产的人数比重很小，而从事工业性生产和服务行业的人数比重占据70%以上。如果农村逐步加快这一进程，即农村城市化，那么，这一天的到来将是城市化的彻底实现，也是城市衰亡的日子。

城市化是世界性人类社会发展的必然规律，它为人们的生产和生活提供了方便，推动了社会经济的进步，这是有利的一个方面。同时，我们还应当看到许多城市出现了土地紧张、水源缺乏、住房拥挤、交通堵塞、环境污染等社会问题。

3.城市衰亡就是乡村城市化

城乡分离对立运动的过程，是城市与城市经济不断发展、城市系统不断完善、功能不断强化的过程。城市占据主导地位，以其独特的条件，在城乡之间起着经济、政治、文化的纽带作用，对周围地区起着凝聚力的作用，人口、知识、技术、资金、财富等不断向城市集中，城市本身就是一种生产力。城市的衰亡，就是城市和乡村的对立"消灭"，农业与工业的差异将协同并存，工农将成一体，城市和乡村将"融合"，这就是城市发展的历史趋势与规律，也就是城市与城市化的最终衰亡。

第二节 城市与市政

一、市政的涵义与主要特征

（一）市政的涵义

市政，即市政主体作用于市政客体及其过程。可以从广义和狭义两方面来理解。

广义的市政是指，城市的政党组织和国家政权机关为实现城市自身和国家的政治、经济、文化和社会发展而进行的各项管理活动及其过程。

狭义的市政是指，城市的国家行政机关对市辖区域内的各类行政事务和社会公共事务所进行的行政管理活动及其过程。

市政是相对于乡政而言的，严格意义的市政是城市与乡村分治、城市管理机构与乡村管理机构分设之后的产物。

从一般意义上讲，自从产生了城市，便相应产生了对城市的行政管理活动，但当时城市与乡村是合治的，也没有专司城市事务的城市政府，因此严格意义上的市政是在城市政府产生后，城乡分治、市政与乡政明确分开后才出现的。

总结前文，我们给市政下的定义为：市政是指国家在城市区域设置的政权机关，特别是行政机关，为实现城市自身和国家整个政治经济的发展，以各种手段对城市有关公共事务进行有效的管理活动。

（二）市政的主要特征

（1）政治性。市政实质上是一种国家管理活动，或者说它是国家管理活动的重要组成部分。

（2）历史性。市政也是个历史概念，有一个长期历史发展的过程。

（3）整体性。市政是一个由各系统、各要素、各环节组成的有机整体。

（4）综合性。现代城市作为经济、政治、文化中心，具有集中、开放、多元、有机等特点。

（5）动态性。市政不仅是组织、制度、体制等方面的静态结构，而且也是一个有序运行的动态过程。

二、市政的职能

市政职能是指城市政府在依法管理城市公共事务中所承担的职责和具有的作用，从动态来看，它是行使职权、发挥作用的一系列活动的总称。

在我国，广义的市政职能包括国家在城市内的政治、经济、文化和社会管理事务方面的重要职责和功能，在市政管理过程中体现为法律、法规和上级政府决定的执行。而狭义的市政职能主要是指城市政府在城市环境、城市规划、城市建设、城市服务和城市管理等方面的职责和功能，同时也包括组织本市的政治、经济、文化和社会活动，管理地方公共事务，为城市居民提供优质高效的公共服务。

市政职能的履行是以城市政府为主体，通过法制化、科学化、现代化的途径和方式，对城市公共事务这个客体进行管理。

市政职能也随着城市的发展而不断发展变化，在不同国家和同一国家的不同历史时期，市政职能具有不同的内容和特征。

在我国，就狭义而言，城市政府的基本职能主要有规划职能、建设职能和管理职能。

（1）规划职能，即城市政府制定一定时期的城市建设和社会经济发展蓝图的职能。规划既是城市建设和管理的基本依据，也是城市建设和经济社会发展的指南。它包括城市规划和城市国民经济、社会发展中长期规划。

（2）建设职能，即城市政府促进经济和其他各项事业发展的职能。建设既是城市规划的落脚点，也是满足城市人民物质文化生活的基本手段。从整体上来说，建设职能可分为城市物质文明建设和精神文明建设。

（3）管理职能，有广义和狭义之分。广义管理职能指城市政府对城市各项事业进行规划、决策、监督、指挥等，包括决策管理、运营管理、效益管理、法制管理等。狭义管理职能指城市政府对城市政治、经济、文化等各项秩序的维护，对各项建设事业的保障，对各类建设成果的保护和对混乱秩序、灾害的治理，包括城市环境管理、市容卫生管理、道路交通安全管理、市政工程和设施管理、市场秩序管理等。

在现代社会，城市政府的管理职能已从根本上压倒了统治职能，成为城市政府的根本职能之一。管理职能使城市政府更好地维护社会秩序，为社会经济的发展提供保障，促进社会经济的发展，提高市民社会生活的质量。

城市的经济职能，在计划经济时代主要表现为政府对经济的计划式管理，市场的作用微乎其微。随着改革开放的推进和市场经济的确立，市场调节变成了经济领域的最主要手段。在市场经济条件下，政府不直接干预经济，主要是利用财政、金融、法律和一定的行政手段，从宏观上对城市经济进行调控，维护经济秩序的良性发展，促进社会经济的繁荣。

社会服务职能主要是指城市政府为社会发展提供公共服务，以维护良好的社会公共秩序，促进社会的良性发展，为市民提供良好的公共安全、社会保障、科教文卫等方面的公共服务；改善市民生活质量，提高市民素质，建立良好的社会秩序与健康的社会道德风尚。

三、城市发展与市政的关系

市政与现代城市息息相关，或者说，正是城市的发展形成了市政。生活在城市中的人们要求获得更好的生活环境和从城市生活中得到满足，城市的各方面要正常运转就必然要求市政府有一套专门的管理制度和管理模式，城市现代化程度的不断提高要求市政设施等方面也同步跟上。因此，作为市政主体的政府的功能就相应地凸显出来。

政府在对市政进行管理过程中的作用主要有以下几个方面：

（1）城市作为一种新兴的生活方式，需要政府对其进行规范和协调。当代市政研究在城市体制、城市管理的一些基本问题方面仍显不足。因此，当城市这种生活方式在很大程度上必须通过人的管理来实现时，政府便理所当然地挺身而出，参与到制定适当的管理制度和管理模式的过程中去。

（2）政府的介入有助于人们自觉地参与到市政管理中。在城市管理的实践中，人们对于市政及其相应的管理措施还不够重视，更没有积极参与的意识。在这种情况下，需要政府带头，做好属于公共方面的社会事务，并且通过政府的权威性效应，或多或少地提高人们的自觉程度，把市政管理提高到与现代化都市相适应的发展水平。

（3）对于市政工程和市政建设等专业领域，也需要政府成立相关机构，吸纳具有专业知识和技能的社会精英参与到这些工作当中。政府对城市的管理大部分是城市的公共管理，如城市物业管理（包括交通设施、通信设施、供水、供电、供气等日常生活设施管理）、城市生活秩序管理、城市公共环境管理等。政府会以符合现代化城市标准作为其服务的准则。市政管理的最终目标就是最大限度地满足民众的要求。

从以上方面可以看出，政府在当代市政和市政管理中发挥着重要的作用，如何更好地对城市加强指导和关注，如何在工作中进一步强调公平和责任，将直接影响到市政的发展和前景。

第三节　市政工程

一、市政工程的含义

市政工程又称市政公用设施或基础设施。基础设施又称基础结构，原属军事用语，指后方军事工程中的固定设施或永久性基地，如导弹基地、机场、军事物资仓库等。随着经济社会的发展，基础设施获得新的含义，泛指国家或各种公益部门建设经营，为社会生活和生产提供基本服务的一般条件的非盈利性行业和设施。基础设施又可分为国民经济基础设施和城市基础设施。前者的服务对象是整个国家或地区的国民经济范围，后者的服务对象是城市区域的生产和生活范围。城市基础设施是区域基础设施在城市市区内的具体化，是地区或区域基础设施的组成部分。它包括城市交通、给水、排水、供电、燃气、集中供热、邮政电信、防灾等分布于城市地区并直接为城市生产生活服务的基础设施。在城区中，这些基础设施是由城市政府及其职能部门进行筹划、组织设计、施工并实施管理，故通常称之为市政公用设施或市政工程。

市政工程是一个相对的概念。随着社会经济的发展和城市化的推进，城市的功能日益增加，市政工程也在不断拓展着内涵和外延。市政工程与建筑工程、安装工程、维修工程一样，都是以工程实体对象为标准来互相区分的，都属于建设工程的范畴。市政工程设施已经成为城市赖以生存和发展的基础。

二、市政工程的内容及特点

（一）市政工程的内容

市政工程是指市政设施建设工程。市政设施是指在城市区、镇（乡）规划建设范围内设置、基于政府责任和义务为居民提供有偿或无偿公共产品和服务的各种建筑物、构筑物、设备等。

市政工程主要包括城镇道路工程、桥梁工程、给水排水工程、燃气热力工程、绿化及园林附属工程等。这些工程都是国家投资（包括地方政府投资）兴建的，是城市的基础设施，社会发展的基础条件，供城市生产和人民生活的公用工程，故又称市政公用工程，简称市政工程。

（二）市政工程建设的特点

市政工程建设的特点，主要表现在以下几个方面。

（1）单项工程投资大，一般工程投资为几千万元，较大工程投资在一亿元以上。

（2）产品具有固定性，工程建成后不能移动。

（3）工程类型多，工程量大。如道路、桥梁、隧道、水厂、泵站等类工程，以及逐渐增多的城市快速路、大型多层立交、千米桥梁。

（4）涵盖点、线、片形工程。如桥梁、泵站是点形工程，道路、管道是线形工程，水厂、污水处理厂是片形工程。

（5）结构复杂。每个工程的结构不尽相同，特别是桥梁、污水处理厂等工程

结构更是复杂。

（6）干、支线配合，系统性强。如道路、管网等工程的干线要解决支线流域问题，而且成为系统，否则相互堵截排流不畅。

（三）市政工程施工的特点

市政工程施工特点，主要表现在以下几个方面：

（1）施工生产的流动性。

（2）施工生产的一次性。产品类型不同，设计形式和结构不同，再次施工生产各有不同。

（3）工期长，工程结构复杂，工程量大，投入的人力、物力、财力多。从开工到最终完成交付使用的时间较长，一个单位工程少则要施工几个月，多则要施工几年才能完成。

（4）施工的连续性。开工后，各个工序必须根据生产程序连续进行，不能间断，否则会造成很大的损失。

（5）协作性强。需有地上、地下工程的配合，材料、供应、水源、电源、运输以及交通的配合，与附近工程、市民的配合，彼此需要协作支援。

（6）露天作业多。由于产品的特点，大部分施工属于露天作业。

（7）季节性强。气候影响大，不同的季节、天气和温度，都会为施工带来很大困难。

总之，由于市政工程的特点，在基本建设项目的安排或施工操作方面，特别是在制定工程投资或造价方面，都必须尊重市政工程的客观规律，严格按照程序办事。

（四）市政工程在基本建设中的地位

市政工程是国家的基本建设工程，是城市的重要组成部分。市政工程包括城市的道路、桥涵、隧道、给水排水、路灯、燃气、集中供热、绿化等工程。这些工程都是国家投资（包括地方政府投资）兴建的，是城市的基础设施，是供城市生产和人民生活的公用工程，故又称城市公用设施工程。

市政工程有着建设先行性、服务性和开放性等特点，在国家经济建设中起重要的作用，它不但解决城市交通运输、排泄水问题，促进工农业生产发展，而且大大改善了城市环境卫生，提高了城市的文明程度。改革开放以来，我国各级政府大量投资兴建市政工程，不仅使城市林荫大道成网、给水排水管道成为系统、绿地成片、水源丰富、电源充足、堤防巩固，而且逐步兴建煤气、暖气管道，集中供热、供气，使市政工程起到了为工农业生产服务、为人民生活服务、为交通运输服务、为城市文明建设服务的作用，有效地促进了工农业生产的发展，改善了城市环境，使城市面貌焕然一新，经济效益、环境效益和社会效益不断提高。

三、市政工程的研究范围和研究对象

市政工程的内涵和外延在不断发展，市政工程的研究范围也在不断扩展。目前，凡是与城市基础设施工程（如城市交通、给水、排水、供电、燃气、集中供热、邮政电信、防灾工程等）有关的内容都是市政工程的研究范围。其研究对象主要是城市基础设施工程的规划、设计和施工等。

四、市政工程的研究内容

市政工程也称为市政公用设施或城市公共设施，其内容十分广泛，有广义与狭义之分。广义的市政工程基础设施包括给水工程、排水工程、污水处理工程、内外交通、道路桥梁工程、电力工程、燃气工程、集中供热工程、消防、防洪工程、抗震防灾、园林绿化、环境卫生以及垃圾处理等。狭义的市政工程基础设施主要指城市建成区以及规划区范围内的道路、桥梁、给水、排水、电力、燃气、供热、环卫设施等工程，是城市基础设施最主要也是最基本的内容。这里，狭义的城市市政工程基础设施即是城市市政工程。

城市市政基础设施是建设城市物质文明和精神文明的重要保证。城市市政基础设施是城市发展的基础，是持续地保障城市可持续发展的一个关键性的设施。它主要由交通、给水、排水、燃气、环卫、供电、通信、防灾等各项工程系统构成。

根据市政工程投资主体和服务范围的不同，我们也经常把市政工程分为大市政与小市政。大市政是指规划道路及其地下综合市政管线（如电信、雨污水、给水、中水、热力、煤气、电力等），是为城市某区域服务的，是整个城市路网、管网的组成部分，它的宽度、位置、埋深、管径、路由等必须经规划部门批准。大市政一般由政府投资，由政府（建委）或其委托的开发商组织实施。小市政是指用地红线内的道路和地下综合市政管线，是为某地块或小区或某单一建筑服务的，如小区、庭院内管线，小市政是由开发商自行设计和投资建设的。

城市公用设施和城市基础设施、城市的发展规划、城市卫生、城市的环境保护等方面都属于市政，都需要市政府把这些事务综合起来，设立各个不同的市政部门、运用各种法律规章和行政手段对其进行管理和规范，保证社会公共事务的正常运行，促使市政以及市政管理、城市进步朝良性运行的方向发展。

五、市政工程与相关学科的关系

（一）市政工程与建筑工程的关系

建筑工程是指由具体建筑材料制作的满足人们生产、生活和工作需要的工业和民用的建筑物和构筑物。建筑工程在城市和农村都存在，而市政工程主要是在城市中存在。建筑工程和市政工程都是城市的一个组成部分，两者存在着城市功能上的互补关系。

（二）市政工程与土木工程的关系

土木工程泛指各种用建筑材料制作的工程。包括水利工程、机场、港口、码头、道路、桥梁、隧道、建筑等各种类型的工程。市政工程与土木工程在概念上有一定的交叉关系。

(三) 市政工程规划与城市规划的关系

市政工程规划是城市规划的有机组成部分，其规划必须以城市规划为依据，服从和服务于城市规划。市政工程规划在目标、规模、年限等方面必须和城市规划一致，并且在功能、技术等方面将城市规划进行延伸和细化，补充城市规划，使城市规划更加完善，更具可操作性、实用性，更加有利于城市的全面建设。

城市的健康快速发展离不开城市的生命线工程——完善、便捷、高效的市政基础设施的建设。如何科学地进行城市基础设施工程的规划设计和建设，保证城市建设的使用性质，不仅与城市、城镇建设中的建筑、结构等专业的规划、设计、施工有密切的关系，而且直接决定着人民生产、生活的质量。

六、市政工程概论的学习方法

（1）理论联系实际。本课程涉及的知识面较广，对于没有工程实践经验的在校学生来说比较抽象。因此，一方面要系统学习本专业的相关课程，形成系统化的理论知识；另一方面还要多参加实习和工程实践，不断积累丰富的感性认识。

（2）认真学习相关规范。本课程中很多知识都来自于市政工程方面的法律、法规、规范、标准，因此只有把书本知识与规范、标准等结合起来，才能弄清知识的来龙去脉。

（3）经常浏览专业网站与论坛。目前，城市发展日新月异，市政工程的发展速度也很快，新材料、新设备、新工艺、新理论等层出不穷。因此，经常浏览专业网站与论坛，时时关注最新信息，能够使自己走在市政发展的最前沿。

（4）阅读重要的学术刊物。当前，市政学、市政管理及市政工程等方面的研究越来越深入，很多市政方面的刊物刊登了最新的研究成果和工程经验Q通过阅读，可以使自己的理论更扎实、更系统、更实用，使自己的眼界更开阔。

（5）阅读市政工程方面的专业书籍。通过阅读市政工程方面的书籍，有助于加深对本课程的理解，形成全面、系统的市政工程知识。

（6）关注市政工程方面急需解决的问题，设身处地地研究、分析和解决问题，提出自己的观点与解决办法。即把自己设想成市政工程施工与管理人员，面对存在的问题，全身心投入其中，进行认真而深入的思考和学习，并最终解决问题，取得学习成果和研究成果。这是研究型的学习方法，是最有效的方法之一。

七、市政工程施工准备工作概述

（一）施工准备工作概述

1.施工准备工作的概念

以道路工程施工为例，道路工程项目总的程序按照决策、设计、施工和竣工验收四大阶段进行。

施工准备工作是指施工前为了保证整个工程能够按计划顺利完成，事先必须做好的各项准备工作，具体内容包括为施工创造必要的技术、物资、人力、现场和外部组织条件，统筹安排施工现场，以便施工得以"好、快、省"并安全地进行，是施工程序中的重要环节。

2.施工准备工作的意义

施工准备工作是企业做好目标管理、推行技术经济责任制的重要依据，同时又是土建施工和设备安装顺利进行的根本保证。因此，认真做好施工准备工作，对于发挥企业优势、合理供应资源、加快施工速度、提高工程质量、降低工程成本、增加企业经济效益、赢得社会信誉、实现企业管理现代化等具有重要意义。

不管是整个建设项目，还是单项工程，或者是其中的单位工程，甚至单位工程中的分部、分项工程，在开工之前，都必须进行施工准备。施工准备工作是施工阶段的一个重要环节，是施工项目管理的重要内容。施工准备的根本目标是为正式施工创造良好的条件。

施工准备工作不只限于开工前的准备，而应贯穿整个施工过程中。随着施工生产活动的进行，在每一个施工阶段，都要根据各阶段的特点及工期等要求，做好各项施工准备工作，才能确保整个施工任务的顺利完成。

施工准备工作需要花费一定的时间，似乎推迟了建设进度，但实践证明；施工准备工作做好了，施工不但不会慢，反而会更快，而且也可以避免浪费，有利于保证工程质量和施工安全，对提高经济效益也具有十分重要的作用。

3. 施工准备工作的分类

（1）按施工项目施工准备工作的范围不同分类

施工项目的施工准备工作按范围的不同，一般可分为全场性施工准备、单位工程施工条件准备和分部分项工程作业条件准备三种。

①全场性施工准备。

全场性施工准备是以整个建设项目或一个施工工地为对象而进行的各项施工准备工作。其特点是施工准备工作的目的、内容都是为全场性施工服务的。它不仅要为全场性施工活动创造有利条件，而且要兼顾单位工程的施工条件准备。

②单位工程施工条件准备。

单位工程施工条件准备是以单位工程为对象而进行的施工条件准备工作。其特点是施工准备工作的目的、内容都是为单位工程施工服务的。它不仅要为该单位工程在开工前做好一切准备，而且还要为分部分项工程做好作业条件准备工作。

③分部分项工程作业条件准备。

分部分项工程作业条件准备是以一个分部分项工程或冬雨期施工项目为对象而进行的作业条件准备，是基础的施工准备工作。

（2）按施工阶段分类

施工准备工作按拟建工程所处的不同施工阶段，一般可分为开工前的施工准备和各分部分项工程施工前的准备两种。

①开工前施工准备。

开工前施工准备是在拟建工程正式开工之前所进行的一切施工准备工作。其目的是为拟建工程正式开工创造必要的施工条件。它既可以是全场性的施工准备，也可以是单位工程施工条件准备，

②各分部分项工程施工前的准备。

各分部分项工程施工前的准备是在拟建工程正式开工之后，在每一个分部分项工程施工之前所进行的一切施工准备工作。其目的是为各分部分项工程的顺利施工创造必要的施工条件。它又称为施工期间的经常性施工准备工作，也称为作业条件的施工准备。它具有局部性和短期性，又具有经常性。

综上所述，施工准备工作不仅在开工前的准备期进行，还贯穿于整个施工过程中，随着工程施工的进行，在各个分部分项工程施工之前，都要做好施工准备工作。施工准备工作既要有阶段性，又要有连贯性。因此，施工准备工作必须有计划、有步骤、分阶段进行，它贯穿整个工程项目建设。在项目施工过程中，首先，要求准备工作达到开工所必备的条件方能开工；其次，随着施工的进程和技术资料逐渐齐备，应不断完善施工准备工作的内容，加深深度。

（二）技术准备

施工技术准备工作是工程开工前期的一项重要工作，其主要工作内容有以下几方面：

1.图纸会审，技术交底

图纸会审、技术交底是基本建设技术管理制度的重要内容。工程开工前，在总工程师的带领下，集中有关技术人员仔细审阅图纸，将不清楚或不明白的问题汇总通知业主、监理及设计单位及时解决。图纸会审由建设单位（监理单位）负责召集，是一次正式会议，各方可先审阅图纸，汇总问题，在会议上由设计单位解答或各方共同确定。测量复核成果，对所有控制点、水准点进行复核，与图纸有出入的地方及时与设计人员联系解决。

技术交底一般分为设计技术交底、施工组织设计交底、试验专用数据交底、分部分项或工序安全技术交底等几个层次。工程开工后，对每一工序由总工程师组织技术人员向施工人员及作业班组交底。

2.调查研究，收集资料

市政工程涉及面广，工程最大，影响因素多，所以施工前必须对所在地区的特征和技术经济条件进行调查研究，并向设计单位、勘测单位及当地气象部门收集必要的资料。主要包括以下几方面。

（1）有关拟建工程的设计资料和设计意图、测量记录和水准点位置、原有各种地下管线位置等。

（2）各项自然条件资料，如气象资料和水文地质资料等。

（3）当地施工条件资料，如当地材料价格及供应情况，当地机具设备的供应情况，当地劳动力的组织形式、技术水平，交通运输情况及能力等资料。

3.编制施工组织设计

施工组织设计是施工前准备工作的重要组成部分，又是指导现场准备工作、全面部署生产活动的依据，对于能否全面完成施工生产任务起着决定性作用，因此，在施工前必须收集有关资料，编制施工组织设计。

（1）道路施工组织设计的特点

①道路工程要用多种材料混合加工，因此，道路的施工必须和采掘、加工、储存材料的基地工作密切联系。组织路面施工时，也应考虑混合料拌和站的情况，包括拌和站的规模、位置等。

②在设计路面施工进度时必须考虑路面施工的特殊要求。例如，沥青类路面不宜在气温过低时施工，这就需安排在温度相对适宜的时间内施工。

③路面施工的工序较多，合理安排工序间的衔接是关键。垫层、基层、面层以及隔离带、路缘石等工序的安排，在确保养护期要求的条件下，应按照自下而上、先主体后附属的顺序进行。

（2）道路施工组织设计的编制程序

①根据设计道路的类型，进行现场勘察与选择，确定材料供应范围及加工方法。

②选择施工方法和施工工序。

③计算工程量。

④编制流水作业图，布置任务，组织工作班组。

⑤编制工程进度计划。

⑥编制人、材、机供应计划。

⑦制定质量保证体系、文明施工及环境保护措施。

（3）编制施工预算

施工预算是施工单位内部编制的预算，是单位工程在施工时所需人工、材料、施工机械台班消耗数量和直接费用的标准，以便有计划、有组织地进行施工，从而达到节约人力、物力和财力的目的。其内容主要包括以下两方面。

①编制说明书。包括编制的依据、方法、各项经济技术指标分析，以及新技术、新工艺在工程中的应用等。

②工程预算书。主要包括工程量汇总表、主要材料汇总表、机械台班明细表、费用计算表、工程预算汇总表等。

（三）组织准备

1.组建项目经理部

施工项目经理部是指在施工项目经理领导下的施工项目经营管理层，其职能是对施工项目实行全过程的综合管理。施工项目经理部是施工项目管理的中枢，是施工企业内部相对独立的一个综合性的责任单位。

（1）项目经理部的设置原则

项目经理部的机构设置要根据项目的任务特点、规模、施工进度、规划等方面的条件确定，其中要特别遵循3个原则。

①项目经理部功能必须完备。

②项目经理部的机构设置必须根据施工项目的需要实行弹性建制，一方面要根据施工任务的特点确定设立部门类型，另一方面要根据施工进度和规划安排调节机构的人数。

③项目经理部的机构设置要坚持现代组织设计的原则：首先，要反映施工项目的目标要求；其次，要体现精简、效率、统一的原则，分工协作的原则和责任权利统一原则。

（2）项目经理部的机构设置

施工项目经理部的设置和人员配备要根据项目的具体情况而定，一般应设置以下几个部门。

①工程技术部门：负责执行施工组织设计，组织实施，计算统计，施工现场管理，处理工程进展中随时出现的技术问题，调度施工机械，协调各部门之间以及与外部单位之间的关系。

②质安环保部门：负责施工过程中质量的检查、监督和控制工作，以及安全文明施工、消防保卫和环境保护等工作。

③材料供应部门：开工前应提出材料、机具供应计划，包括材料、机

具计划量和供应渠道；在施工过程中，要负责施工现场各施工作业层间的材料协调，以保证施工进度。

④合同预算部门：主要负责合同管理、工程结算、索赔、资金收支、成本核算、财务管理和劳动分配等工作。

2. 组建专业施工班组

（1）选择施工班组

如在路面施工中，面层、基层和垫层除构造有变化外，工程量基本相同。因此，可以根据不同的面层、基层、垫层，选择不同的施工队伍，按均衡的流水作业施工。

（2）劳动力的调配

劳动力的调配一般应遵循如下规律：开始时调用少量工人进入工地做准备工作，随着工程的开展，陆续增加工作人员，工程全面展开时，可将工人人数增加到计划需要量的最高额，然后尽可能保持人数稳定，直到工程部分完成后，逐步分批减少人员数量，最后由少量工人完成收尾工作。尽可能避免工人数量骤增、骤减现象的发生。

（四）其他准备工作

1. 施工现场准备

施工现场是参加道路施工的全体人员为优质、安全、低成本和高速度完成施工任务而进行工作的活动空间。施工现场准备工作是为拟建工程施工创造有利的施工条件和提供物质保证。其主要内容如下：

（1）拆除障碍物，做好"三通一平"工作；

（2）做好施工场地的控制网测量与放线；

（3）搭设临时设施；

（4）安装调试施工机具，做好建筑材料、构配件等的存放工作；

（5）做好冬、雨季施工安排；

（6）设置消防、保安设施和机构。

另外，路基、路面的施工均为长距离线形工程，受季节的影响很大，为使工程施工能保证质量、按期开工，必须做好线路复测、查桩、认桩工作，高温季节要做好降温防暑等工作。

2. 施工物资准备

（1）物资准备工作的内容

①材料的准备；

②配件和制品的加工准备；

③安装机具的准备；

④生产工艺设备的准备。

（2）物资准备的注意事项

①无出厂合格证明或没有按规定进行复验的原材料、不合格的配件，一律不得进场和使用。严格执行施工物资的进场检查验收制度，杜绝假冒伪劣产品进入施工现场。

②施工过程中要注意查验各种材料、构配件的质员和使用情况，对不符合质量要求、与原试验检测品种不符或有怀疑的，应提出复试或化学检验的要求。

③进场的机械设备必须进行开箱检查验收，产品的规格、型号、生产厂家、生产地点和出厂日期等必须与设计要求完全一致。

1. 施工准备工作的实施

（1）施工准备中各种关系的协调

项目施工涉及许多单位、企业、工程的协作和配合，因此，施工准备工作也必须将各专业、各工种的准备工作统筹安排，取得建设单位、设计单位、监理单位以及其他有关单位的大力支持，分工协作，才能顺利有效地实施。

（2）编制施工准备工作计划

为较好地落实各项施工准备工作，应根据各项准备工作的内容、时间和人员编制施工准备工作计划，责任落实到人，并加强对计划的检查和监督，保证准备工作如期完成。

（3）建立严格的施工准备工作责任制

施工准备工作范围广、项目多、时间长，故必须有严格的责任制，使施工准备工作得以真正落实。在编制了施工准备工作计划以后，就要按计划将责任明确到有关部门甚至个人，以便按计划要求的时间完成工作内容。各级技术负责人在施工准备工作中应负的领导责任应予以明确，以促使各级领导认真做好施工准备工作。现场施工准备工作应由项目经理部全权负责。

（4）建立施工准备工作检查制度

在施工准备工作实施的过程中，应定期进行检查，可按周、半月、月度进行检查。检查的目的是考察施工准备工作计划的执行情况。如果没有完成计划要求，应进行分析，找出原因，排除障碍，协调施工准备工作进度或调整施工准备工作计划。检查的方法包括：将实际与计划进行对比，即"对比法"；还有会议法，即相关单位或人员在一起开会，检查施工准备工作情况，当场分析产生问题的原因，提出解决问题的办法。后一种方法见效快，解决问题及时，可在制度中做相关规定，多予采用。

（5）坚持按建设程序办事，实行开工报告和审批制度

当施工准备工作完成，且具备开工条件后，项目经理部应及时向监理工程师提出开工申请，经监理工程师审批，并下达开工令后，及时组织开工，不得拖延。

八、市政工程施工的发展趋势

市政工程按照城市总体规划发展的要求，必须坚持为生产和人民生活服务，又必须按照本地区的方针，切实做好市政的新建、管理、养护与维

修工作，既要求高质量、高速度，又要求高经济效益。这是对市政工程提出的新课题，这无疑将有力地推动这门学科的进步。市政工程的发展趋势体现在以下几个方面：

（1）建筑材料方面。对传统的砂、石等建筑材料的使用有了新的突破；对电厂废料、粉煤灰的利用不断加强；如利用多种废渣做基础的试验正在进行；沥青混凝土的旧料再生正逐步推广；水泥混凝土外加剂被广泛重视等。建筑材料的研发虽取得了显著成果，但仍需加快研制进度，就地取材，降低造价。

（2）机械化方面。低标准的道路、一般跨度的桥梁、小管径给水、排水上下水等继续沿用简易工具建造，繁重的体力劳动当前阶段不能抛弃。高标准的道路结构、复杂的桥梁、大管径给水、排水等必须采用较为先进的机械设备，才能达到优质、高速、低耗的要求。要增强机械化施工的意识，加速培养机械化操作人员和机械化管理人员，这样才能适应市政工程飞速发展的需要。

（3）施工管理方面。建筑材料的更新，机械化程度的提高，促进了施工管理水平的提高。只有管理人员心中有数是不够的，必须发挥广大工作人员的才智，群策群力。深化改革，实行岗位责任制，必须解放思想，不断实践。绘制进度计划的横道图逐步被统筹法的网络代替；经济核算由工程竣工后算总账，已经改为预算中各项经济分析超前控制；大型工程的施工组织管理开始应用系统工程的理论方法，从而日益趋向科学化。这样不仅可以提高工程质量，缩短工期，提高劳动生产效率，降低成本，而且可以解决某些难以处理的技术难题。

现代市政工程施工已成为一项十分复杂的生产活动，需要组织各种专业的建筑施工队伍和数量众多的各类建筑材料、建筑机械和设备有条不紊地投入建筑产品的建造；组织好种类繁多的、数以百万甚至数以千万吨计的建筑材料、制品及构配件的生产、运输、储存和供应工作；组织好施工机具的供应、维修和保养工作；组织好施工用临时供水、供电、供气、供热以及安排生产和生活所需要的各种临时建筑物；协调好各方面的矛盾。

总之，现代市政工程施工涉及的问题点多面广、错综复杂，只有认真制定施工组织设计，并认真贯彻，才能有条不紊地施工，并取得良好的效果。

第二章　市政工程项目的范围管理及目标规划

一般意义上讲，项目范围是指项目产品所包括的所有工作及产生这些产品所必需的全部过程。项目前期的策划阶段，非常重要的任务就是确定项目范围及在如何实施这些内容成果方面达成共识。

第一节　概述

一、基本概念

市政工程项目的范围管理是指通过明确项目有关各方的职责界限，为满足项目的各项使用功能，对项目实施应包括的具体工作进行定义和控制，以保证项目管理工作的充分性和有效性，从而顺利完成项目各项目标。项目范围管理是项目管理的基础工作，并贯穿于项目的全过程。

二、范围管理的目的

项目范围管理的目的主要有以下三个方面：

（1）在项目前期策划阶段，按照项目目标、实施方式及其他相关要求明确应该完成的工程活动，并对之进行详细定义；

（2）在项目实施过程中，在预定的项目范围内，有计划地进行各项工程活动的开展和实施，既不多余也不遗漏；

（3）范围管理的根本目的是实现项目目标。

三、范围管理的内容

项目范围管理主要包括项目范围的确定、项目的结构分析、项目范围的控制三个过程。在不同的项目实施阶段，管理的内容不同，有着各自特点。

第二节　市政工程项目范围确定

项目实施前，应提出项目范围说明文件，作为进行项目设计、计划、实施和评价的依据。确定项目范围是指明确项目的目标和可交付成果内容，界定项目的总体范围，并形成书面文件。在项目的策划文件、项目建议书、设计文件、招标文件和投标文件中均应包括对工程项目范围的说明。

一、项目范围确定的依据

（1）项目目标的定义或范围说明文件。

（2）环境条件调查资料。

（3）项目的限制条件和制约因素。

（4）同类项目的相关资料。

二、项目范围确定的影响因素

（一）承包模式

在招标文件中业主提出"业主要求"，主要描述业主所要求最终交付工程的功能，相当于工程的设计任务书。"业主要求"从总体上定义工程的技术系统要求，是工程范围说明的框架资料。

（二）合同条款

由合同条款定义的工程施工过程责任，如承包商的工程范围包括拟建工程的施工详图设计、土建工程、项目的永久设备和设施的供应、安装、竣工保修等；由合同条款定义的承包商合同责任产生的工程活动，如为了保证实施和使用的安全性而进行的试验研究、购买保险等。

（三）因环境制约产生的活动

因环境制约产生的活动，如由于市政工程施工现场环境、法律等产生的项目环境保护工作，为了保护周边的建筑，或为保护施工人员的安全和健康而采取的保护措施，以及为运输大件设备要加固通往现场的道路等。这些活动都将对项目范围的确定产生一定的影响。

三、市政工程项目范围确定的程序

一般来说，市政工程项目范围的确定应按照以下程序进行：

（1）项目目标的分析。

（2）项目环境的调查与限制条件分析。

（3）项目可交付成果的范围和项目范围确定。

（4）对项目进行结构分解工作。

（5）定义项目单元。

（6）项目单元之间界面的分析，包括界限的划分与定义、逻辑关系的分析、实施顺序的安排。

四、市政工程项目范围确定的内容

（一）界定项目

项目的界定，首先要把一项任务界定为项目，然后再把项目业主的需求转化为详细的工作描述，而描述这些工作是实现项目目标所不可缺少的。

（二）确定项目目标

明确项目目标的制定主体。不同层次目标的制定主体是不同的，市政项目总体目标一般由项目发起人或政府主管部门确定，而项目实施中的某项工序的目标，则可以由相关实施人或组织来确定。描述项目目标必须明确、具体，尽量进行定量描述，保证项目目标容易理解，并使每个项目管理组织成员能够据此确定个人的具体目标。

（三）界定项目范围

界定项目范围是指要确定实现项目目标必须完成的工作，经过项目范围的界定，可以把有限的资源用在完成项目所必不可少的工作上，确保项目目标的实现。形成项目范围说明书。

项目范围说明书说明了为什么要进行这个项目，明确了项目目标和主要可交付成果，是项目实施管理的基础。其编写基础主要为成果说明书，成果是指任务委托者在项目结束或项目某阶段结束时要提交的成果，对于这些成果必须有明确的要求和说明。

市政工程项目范围说明书的内容主要包括项目合理性说明、项目成果的简要描述、可交付成果清单和项目目标。

（四）市政工程项目范围确定的方法

（1）成果分析。通过成果分析可以加深对项目成果的理解，确定其是否必要、是否多余以及是否有价值，它包括系统工程、价值工程和价值分析等技术。

（2）成本效益分析。

（3）项目方案识别技术。泛指提出实现项目目标方案的所有技术。在这方面，管理学已经提出了许多现成的技术，可供识别项目方案。

（4）领域专家法。可以请相关专家对各种方案进行评价，任何经过专门训练或具备专门知识的集体或个人均可视为该领域内专家。

（5）项目分解结构。

第三节　市政工程项目结构分析

项目管理人员应根据项目范围说明文件进行项目的结构分析。项目结构分析包括项目分解、工作单元定义、工作界面分析等内容。

一、项目分解

项目分解的意图在于把一个复杂的系统逐层逐级分解至工作单元，形成由一系列树形结构图或项目工作任务表组成的分级的项目结构体系，然后把项目的目标分解到项目结构体系中，并进行编码，从而建立项目的目标体系。项目管理可以利用这种方法把对整个项目目标的控制分解到对各个子对象的目标控制上，并且从各个分解的层面上获得项目实施的有关信息，作为进一步进行项目活动、文档、合同编码的基础。

项目分解应符合的要求主要为内容完整，不重复，不遗漏；一个工作单元只能从属于一个上层单元，每个工作单元应有明确的工作内容和责任者，工作单元之间的界面应清晰；项目分解应有利于项目实施和管理，便于考核评价。项目分解一般有结构分解和过程分解两种方法。

1. 项目结构分解方法

项目结构分解是把一个大型复杂的工程按结构分解为各项目标易于管理和控制、资源易于计算的单元。项目结构分解的方法有按建设期进行分解、按建筑单体进行分解和按楼层进行分解。

2. 项目过程分解方法

项目过程分解是按项目实施的先后顺序把项目管理的工作进行分解。项目过程分解与项目结构分解一起可成为项目目标管理与控制的基础。

3. 工作单元定义

工作单元是项目分解的最小单位，每一个工作单元应该相对独立、内容单一、易于采购和成本核算与检查。各个工作单元之间的工作界面应该清晰明确，以减少项目实施过程中的协调工作量。工作单元描述应该非常具体，以便承担者能够明确自己的任务、目标和责任，也便于监督和考核。工作单元的内容应该包括工作范围、质量要求、费用预算、时间安排、资源计划和组织责任等。

项目分解的成果是形成项目工作分解结构，对于分解后的每一个单元都要按一定的原则和方法进行编码，这些编码的全体称为编码系统。编码系统同项目工作分解结构本身一样重要，根据一定的原则形成规范的编码体系，有利于在项目策划和实施的各阶段完成对于各工作单元的查找、变更、费用计算、时间安排、资源分配、质量检验等各项工作。

4. 工作界面分析

工作界面是指各个工作单元之间的衔接，或称为接口部位，即工作单元之间发生的相互作用、相互联系。工作界面分析是指对界面中的复杂关系进行分析。工作界面分析应达到下列要求：

（1）工作单元之间的接口合理，必要时应对工作界面进行书面说明；

（2）在项目的设计、计划和实施中，注意界面之间的联系和制约；

（3）在项目的实施中，注意变更对界面的影响。

许多市政工程项目规模大，牵扯面广，在此类项目的管理之始，进行科学的界面分析和设计非常重要，这也符合项目管理集成化、综合化的发展趋势。进行市政工程项目的界面分析应遵循以下原则：

（1）保证系统界面之间的相容性，使项目内不同工作单元之间能够顺畅衔接；

（2）保证项目系统的完整性，防止工作内容或质量责任划分不清的状况出现；

（3）对项目系统内各个界面进行定义，以便在项目实施过程中保持界面清晰，尤其是当工程发生变更时应特别注意这些变更对界面的影响；

（4）在界面处设置检查验收点、里程碑、决策或控制点，并采取系统方法从组织、管理、技术、经济、合同等各方面主动进行界面分析；

（5）注意不同界面之间的联系和制约，解决界面之间的不协调、障碍和争执，采取比较主动积极的态度管理界面之间的关系。

第四节　市政工程项目范围控制

项目组织应严格按照项目的范围和项目分解结构文件进行项目的范围控制。项目的范围控制是指保证在预定的项目范围内进行项目的实施，对于项目范围的变更进行有效控制，以保证项目系统的完备性和合理性。

一、市政工程项目范围控制的要求

（1）项目组织要保证严格按照项目范围文件实施（包括设计、施工和采购等），对项目范围的变更进行有效的控制，保证项目系统的完备性。

（2）在项目实施过程中，应经常检查和记录项目实施状况，对项目任务的范围（如数量）、标准（如质量）和工作内容等的变化情况进行控制。

（3）项目范围变更涉及目标变更、设计变更、实施过程变更等。范围变更会导致费用、工期和组织责任的变化，以及实施计划的调整、索赔和合同争执等问题发生。

（4）范围管理应有一定的审查和批准程序及授权。特别要注重项目范围变更责任的落实和影响的处理程序。

（5）在工程项目的结束阶段，或整个工程竣工时，在将项目最终交付成果（竣工工程）移交之前，应对项目的可交付成果进行审查，核实项目范围内规定的各项工作或活动是否已经完成，可交付成果是否完备或令人满意。

二、市政工程项目范围变更管理

（一）项目范围变更管理的概念

项目范围变更是指在实施合同期间项目工作范围发生的改变，如增加或删除某些工作等。项目范围变更管理是指对造成范围变更的因素施加影响，以确保这些变化给项目带来益处，并确定范围变更已经发生，以及当变更发生时对实际变更进行管理。项目范围变更管理必须与其他的控制过程（如进度控制、费用控制、质量控制等）相结合才能收到更好的控制效果。

（二）项目范围变更管理的要求

（1）项目范围变更要有严格的审批程序和手续，必要时要报上级主管部门审核。

（2）项目范围变更后应调整相关的计划。

（3）对重大的项目范围变更，应提出影响报告。

三、项目范围变更管理的依据

（一）工作范围描述

工作范围描述是项目合同的主要内容之一，它详细描述了完成工程项目需要实施的全部工作。

（二）技术规范和图纸

技术规范规定了提供服务方在履行合同义务期间必须遵守的国家和行业标准以及项目业主的其他技术要求。技术规范优先于图纸，即当二者发生矛盾时，以技术规范规定的内容为准。

（三）变更令

变更的第一步是提出变更申请，变更申请可能以多种形式发生：口头或书面的，直接或间接的，以及合法的命令或业主的自主决定。变更令可能要求扩大或缩小项目的范围。

（四）工程项目进度计划

工程项目进度计划既定义了工程项目的范围基准，同时又定义了各项工作的逻辑关系和起止时间（即进度目标）。当工程项目范围发生变更时，必然会对进度计划产生影响。

（五）进度报告

进度报告提供了项目范围执行状态的信息。例如，项目的哪些中间成果已经完成，哪些还未完成。进度报告还可以对可能在未来引起不利影响的潜在问题向项目管理班子发出警示信息。

四、项目范围变更控制系统

项目范围变更控制系统规定了项目范围变更应遵循的程序，它包括书面工作、跟踪系统以及批准变更所必需的批准层次。市政工程范围变更控制系统应融入整个项目的变更控制系统。当在某一合同下实施项目时，范围变更控制系统还必须遵守项目合同中的全部规定。

第五节　市政工程项目目标的策划

市政工程项目完成立项，确定实施之后，项目管理人员首先应结合项目投资方要求和项目特点，运用科学原理和方法，进行项目目标的再论证和分解，报投资方及有关部门批准后作为项目实施的目标和依据。

项目目标策划是指在项目立项完成，确定正式启动之后，通过调查、收集和研究项目的有关资料，运用组织、管理、技术、经济等手段和工具，对项目实施的内容、项目实施的目标进行系统分析、细化，形成项目实施的总体目标；进行投资目标分解和论证，编制项目投资总体规划；进行进度目标论证，编制项目建设总进度规划；进行项目功能分解、建筑面积分配，确定项目质量目标，编制空间和房间手册等。即确定项目实现的内容，以指导后续可行性研究和设计、施工等工作，并使得后续的项目管理工作更加科学和有效。

第六节　市政工程进度目标规划

一、策划

(一) 论证项目总进度目标及分目标

建设项目总进度目标指的是整个项目的进度目标，它是在项目决策阶段进行项目定义时确定的。在根据建设项目总进度目标实施控制前，首先应分析和论证目标实现的可能性。若建设项目总进度目标不可能实现，则项目管理者应提出调整建设项目总进度目标的建议，提请项目决策者审议；若建设项目总进度目标可行，则在此基础上进一步细化分解，获得各级分目标，并编制项目总进度规划。

(二) 进度管理模式

进度管理的模式为项目管理方主导下的项目前期、设计、招标、施工过程的集成进度管理模式，采取层次管理的方法进行。

(1) 项目管理方负责制定和管理总进度规划或称为一级进度计划，该计划主要包括项目实施的总体部署、总进度规划、各子系统进度规划、确定里程碑事件、总进度目标实现的条件和应采取的措施等内容。

(2) 各类承包商负责制订和管理框架进度计划或称为二级进度计划，框架进度计划将整个项目计划划分成若干个进度计划子系统。

(3) 各分包商负责制订和管理单体进度计划或称为三级进度计划，单体进度计划将每一个进度计划子系统基于每个项目单体分解为若干个子项目进度计划。

(4) 作业层负责制订和管理作业进度计划或称为四级进度计划，作业进度计划将每个单体计划分解为若干个分部、分项进度计划。

（三）建立进度管理控制系统

进度管理控制系统主要由进度管理的计划系统、检查系统、调整系统三大部分组成。从制订进度计划、实施进度统计、确定进度差异、分析差异原因到制定措施、组织协调，是个动态控制和重复循环的过程。

二、方法及措施

（一）进度总目标的论证

建设项目总进度目标的论证应涵盖从设计前准备阶段、设计阶段、招标阶段到移交阶段的工作进度，不同阶段之间是有机组合而不是简单的叠加关系。

（二）分级、分层次的进度计划方法

进度计划管理，从管理幅度的角度和实际操作的角度出发，应采用分层管理的原则。以适应决策层、管理层、实施层的不同需要，下一级项目进度计划以上一级进度计划作为进度控制标准。项目总进度计划偏重控制，后两级进度计划偏重实施。

（三）进度计划的编制方法

1. 项目总进度计划的编制

根据方案设计编制框架性项目合同网络图后编制初始版本，建筑安装工程施工总承包商、合同开工日期、竣工日期已确定后编制正式版本，根据项目实际进度进行调整优化。项目总进度计划适宜采用里程碑法编制。

2. 项目框架进度计划的编制

项目框架进度计划基于项目总进度计划编制，主要的时间节点完全相互对应。由各承包商编制，适宜采用网络计划法编制。

三、控制

(一) 进度检查的方法

在网络计划的执行过程中，必须建立相应的检查制度，定时、定期地对计划的实际执行情况进行跟踪检查，收集反映实际进度的有关数据。但收集反映实际进度的原始数据量大面广，必须对其进行整理、统计和分析，形成与计划进度具有可比性的数据，以便在网络图上进行记录。根据记录的结果可以分析判断进度的实际状况，及时发现进度偏差，为网络图的调整提供信息。

(二) 网络计划检查的主要内容

网络计划检查的主要内容包括关键工作进度、非关键工作进度及时差利用情况、实际进度对各项工作之间逻辑关系的影响、资源状况、成本状况及存在的其他问题。

(三) 对检查结果进行分析判断

通过检查分析网络计划的执行情况，可为计划的调整提供依据。

(四) 进度计划的调整与优化

进度计划的调整与优化是实施进度控制的重要一步，由于项目进度计划是事前编制的，随着项目的实施，客观条件不断变化，各种干扰因素也会不断增加，所以进度计划的编制不是一劳永逸的，应随着客观条件的变化不断修正。

进度计划的调整与优化必须遵循"适时""适量"的原则。所谓"适时"，就是指项目管理人员必须在适当的时间决定是否调整进度计划，以确保项目各参与方有时间并有能力接受和实施新的进度计划。所谓"适量"，就是指项目管理人员必须严格把握进度计划的调整量，尽可能使该调整对工程质量、投资以及其他目标的正面影响最大化、负面影响最小化。具体实施时，可以运用 Project 和 P3 等软件对进度计划进行调整和优化。

第七节　市政工程投资目标规划

一、策划

（一）投资管理目标

论证建设项目投资总目标及分目标，制定投资规划。在建设项目的实施阶段，通过投资规划与动态控制，将实际发生的投资额控制在投资的计划值以内，合理使用人力、物力、财力，以实现业主的要求、项目的功能、建筑的造型和结构的安全、材料质量的优化。

（二）费用构成及分解

建设项目投资主要由工程费用和工程建设其他费用所组成，如图 2-1 所示。

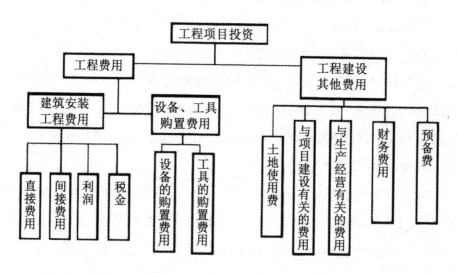

图 2-1　工程项目投资费用

（三）投资管理任务

投资管理要注意建设阶段与投资控制依据相结合。

（1）在设计准备阶段，通过对投资目标的风险分析、项目功能与使用要求的分析和确定，编制建设项目的投资规划，用以指导该阶段的设计工作以及相应的投资控制工作。

（2）在工程设计阶段，以投资规划控制方案设计阶段和初步设计阶段的设计工作，编制设计概算。以投资规划和设计概算控制施工图设计阶段的设计工作，编制施工图预算，确定工程承包合同价格等。

（3）在工程施工阶段，以投资规划、施工图预算和工程承包合同价格等控制工程施工阶段的工作，编制资金使用计划，以作为施工过程中进行工程结算和工程价款支付的计划目标。

（4）在整个工程实施期，利用各类投资数据和现金流等措施，严格控制设计变更、施工变更以及由变更引起的索赔和反索赔等。

（四）投资管理编码系统

投资控制工作的核心是投资数据比较。比较投资数据是发现投资偏差、采取纠偏措施的根本手段。为完成不同阶段投资数据之间的比较（如估算和概算之间的比较），以及不同版本之间的比较，对投资目标进行分解与编码，有利于投资目标的细化与明确，也有利于不同投资数据之间的比较。市政项目管理手册的投资分解和编码可以参照《建设工程工程量清单计价规范》（GB50500—2013）执行。

二、方法及措施

项目前期和设计阶段是建设项目投资控制的重要阶段。其中，方案设计是确定建设项目的初始内容、形式、规模、功能和标准等的阶段，此时，对其某一部分或某一方面的调整或完善将直接引起投资数额的显著变化。

因此，应加强方案设计阶段的投资控制工作，通过设计方案竞赛、设计方案的优选和调整、价值工程和其他技术经济方法，选择确定既能满足建设项目的功能要求和使用要求，又可节约投资的设计方案。

（一）价值工程方法

价值工程的目的是研究工程项目的最低寿命周期费用，可靠地实现使用者所需的功能，以达到最合理的性价比。

尽管在产品形成的各个阶段都可以应用价值工程提高产品的价值，但在不同的阶段进行价值工程活动，其经济效果的提高幅度却是大不相同的。一旦设计图纸已经完成，产品的价值就基本决定了，因此应用价值工程的重点是在产品的研究和设计阶段。同一建设项目、同一单项或单位工程可以有不同的设计方案，也就会有不同的投资费用，通过价值工程方法的应用，论证拟采用的设计方案技术上是否先进可行，功能上是否满足需要，经济上是否合理，使用上是否安全可靠等，最终选择出综合效益最为合理的设计方案。

（二）限额设计方法

在设计阶段对投资进行有效的控制，需要从整体上由被动反应变为主动控制，由事后核算变为事前控制，限额设计就是根据这一思想和要求提出的设计阶段控制建设项目投资的一种技术方法。

采用限额设计方法，就是要按照批准的可行性研究报告及投资估算控制初步设计；按照批准的初步设计和设计概算控制施工图设计，使各专业在保证达到功能要求和使用要求的前提下，按分配的投资限额控制工程设计，严格控制设计的不合理变更，通过层层控制和管理，保证建设项目投资限额不被突破，最终实现设计阶段投资控制的目标。

三、控制

（一）动态控制原理

随着建设项目的不断进展，大量的人力、物力和财力投入项目实施之中，此时应不断地对项目进展和投资费用进行监控，以判断建设项目进展中投资的实际值与计划值是否发生了偏离，如发生偏离，须及时分析偏差产生的原因，采取有效的纠偏措施。必要的时候，还应对投资规划中的原定目标进行重新论证。从工程进展、收集实际数据、计划值与实际值比较、偏差分析和采取纠偏措施，又到新一轮起点的工程进展，这个控制流程应当定期或不定期的循环进行，如根据建设项目的具体情况可以每周或每月循环地进行这样的控制流程。

按照动态控制原理，建设项目实施中进行投资的动态控制过程，应做好以下几项工作：

（1）对计划的投资目标值的论证和分析。由于主观和客观因素的制约，建设项目投资规划中计划的投资目标值有可能难以实现或不尽合理，需要在项目实施的过程中，或合理调整，或细化和精确化。

（2）收集有关投资发生或可能发生的实际数据，及时对建设项目进展做出评估。

（3）比较投资目标值与实际值，判断是否存在投资偏差。这种比较也要求在建设项目投资规划时就对比较的数据体系进行统一的设计，从而保证投资比较工作的有效性和效率。

（4）获取有关项目投资数据的信息，制订反映建设项目计划投资、实际投资、计划与实际投资比较等的各类投资控制报告和报表，提供作为进行投资数值分析和相关控制措施决策的重要依据。

（5）投资偏差分析。若发现投资目标值与实际值之间存在偏差，则应分析造成偏差的可能原因，制订纠正偏差的多个可行方案。经方案评价后，确定投资纠偏方案。

（6）采取投资纠偏措施。按确定的控制方案，可以从组织、技术、经济、合同等各方面采取措施，纠正投资偏差，保证建设项目投资目标的实现。

（二）分阶段设置控制目标

由于工程项目的建设过程周期长、投资大和综合复杂的特点，投资控制目标并不是一成不变的，因此投资的控制目标需按建设阶段分阶段设置，且每一阶段的控制目标是相对而言的，随着工程项目建设的不断深入，投资控制目标也逐步具体和深化。

前一阶段目标控制的结果就成为后一阶段投资控制的目标，每一阶段投资控制的结果就成为更加准确的投资的规划文件，其共同构成建设项目投资控制的目标系统。从投资估算、设计概算、施工图预算到工程承包合同价格，投资控制目标系统的形成过程是一个由粗到细、由浅到深和准确度由低到高的不断完善的过程，目标形成过程中各环节之间应相互衔接，前者控制后者，后者补充前者。

（三）注重主动控制

当一个建设项目产生了投资偏差，或多或少会对工程的建设产生影响，或造成一定的经济损失。因此，在经常大量地运用投资被动控制方法的同时，也需要注重投资的主动控制问题，将投资控制立足于事先主动地采取控制措施，以尽可能地减少以避免投资目标值与实际值的偏离。

（四）采取多种有效措施

要有效地控制建设项目的投资，应从组织、技术、经济、合同与信息管理等多个方面采取措施，尤其是将技术措施与经济措施相结合，是控制建设项目投资最有效的手段。

（五）立足全寿命周期成本

建设项目投资控制，主要是对建设阶段发生的一次性投资进行控制。但是，投资控制不能只是着眼于建设期间产生的费用，更需要从建设项目全寿命周期内产生费用的角度审视投资控制的问题，进行项目全寿命的经济分析，使建设项目在整个寿命周期内的总费用最小。

第八节　市政工程项目质量目标规划

一、策划

市政工程项目类型多样，施工工艺复杂，建设周期长，容易受自然环境影响等特点决定了市政工程项目的质量管理工作比一般的工程项目以及工业产品生产的质量管理复杂。

（一）工程质量目标系统

市政工程项目的质量目标不仅要看建设期，而且还要看使用期，即考虑项目的全寿命分析，而且质量目标不是一个单一的目标，有总体目标、设计质量目标、土建施工安装目标、材料设备质量目标等，自身构成一个系统，其中以总体质量目标为核心，总体质量目标往往以合同质量目标条款形式表现，所有其他的质量目标都不能和总体目标相抵触。

（二）建立质量管理体系

质量管理体系是项目质量管理的总系统，它由五个分体系构成，如图2-2所示。

1. 质量管理的组织体系

质量管理人员（质量经理、质量工程师）在项目经理的领导下，负责质量计划的制订和监督检查质量计划的实施。项目部应建立质量责任制和考核办法，明确所有人员的质量职责。

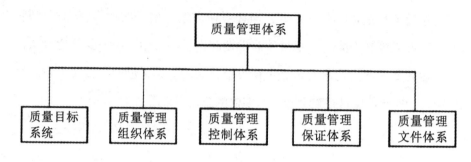

图 2-2 质量管理体系

2.质量管理的控制体系

项目的质量控制应对项目所有输入的信息、要求和资源的有效性进行控制，确保项目质量输入正确和有效。

明确规定项目各个部门、各个环节的质量管理职能、职责、权限。建立一套灵敏、高效的质量信息管理系统，规定质量信息反馈、传递、处理的程序和方式，保证整个项目部的信息全面、及时、准确。

3.质量管理的保证体系

质量管理是专业项目管理公司的生命线，根据ISO9000族标准中所表达的新的质量管理思想来看，质量保证体系的设计目的是质量管理从单纯追求实物质量到追求质量保证能力。专业项目管理应该从提高质量保证能力的角度来看待质量保证体系的建立，而不能把这部分当成质量管理的负担。

4.质量管理文件体系

质量管理的文件体系架构采取逐层推进的模式。质量管理文件体系主要包括质量手册、质量计划、程序文件、质量记录体系。项目管理公司在项目初始就应该参照质量管理相关标准编写质量手册，然后根据质量手册的要求以及项目具体情况制订质量计划和质量管理程序，最后根据项目的质量管理计划和程序确定项目的质量记录体系。

质量手册：提供给组织内部和外部的，描述关于质量管理体系的信息文件。

质量计划：描述质量管理体系如何应用于特定项目的文件。

程序文件：提供如何完成活动的一致的信息的文件。

质量记录体系：记录已完成的前动或结果的文件。

二、方法及措施

（一）质量管理原则

1. 以业主为中心

项目依存于业主。因此，项目管理人员应理解业主当前的和未来的需求，满足业主要求并争取超越业主期望。

2. 项目经理的作用

项目经理将项目的目标、环境统一起来，并创造使项目组成员能够充分参与实现项目质量目标的环境。

3. 全员参与

各级人员是项目管理的成功之本，只有他们的充分参与，才能使他们发挥各自的才干，从而为项目带来最大的收益。

4. 过程方法

将相关的资源和活动作为过程进行管理，可以更高效地得到期望的结果。过程方法的原则不仅适用于某些较简单的过程，也适用于由许多过程构成的过程网络。在应用于质量管理体系时，2000 版 ISO9000 族标准建立了一个过程模式。此模式把管理职责，资源管理，产品实现，测量、分析与改进作为体系的四大主要过程，描述其相互关系，并以顾客要求为输入，提供给顾客的产品为输出，通过信息反馈来测定的顾客满意度，评价质量管理体系的业绩。

5. 管理的系统方法

针对设定的目标，识别、理解并管理一个由相互关联的过程所组成的体系，有助于提高组织的有效性和效率可参照。ISO/DIS9001 贯标体系列出的建立和实施质量管理体系的步骤。

6. 持续改进

持续改进是组织的一个永恒的目标。

7. 基于事实的决策方法

对数据和信息的逻辑分析或直觉判断是有效决策的基础。以事实为依据做决策，可防止决策失误。在对信息和资料做科学分析时，统计技术是最重要的工具之一。统计技术可以用来测量、分析和说明产品和过程的变异性。统计技术可以为持续改进的决策提供依据。

（二）实施质量控制的方法和措施

1. 质量的统计控制方法

老七种工具：排列图、因果图、调查表、直方图、控制图、散布图、分层法。这些控制方法主要以数理统计方法为主，主要用于过程控制。

新七种工具：亲和图、关联图、系统图、矩阵图、箭线图、PDCA 法、矩阵数据分析法。这些方法用语言分析和逻辑思维的方法，善于发现问题，有利于语言资料和情报的整理；重视计划，有利于消除遗漏，协同工作。

2. 质量保证的方法和措施.

确定质量活动和有关结果是否符合计划安排，以及这些安排是否可有效地实施并适合于达到预定目标的、有系统的、独立的检查。确定质量管理体系及其要素的活动与其结果是否符合有关标准和文件的规定，质量管理体系文件中的各项规定是否得到有效的贯彻并达到质量目标的有系统的、独立的检查标准。审核有三种类型，即内部质量审核、需方或其代表质量审核、认证机构或其他独立机构质量审核。

过程分析是指安装过程改进计划中列明的步骤，从组织和技术角度识别所需的改进，其中也包括对遇到的问题、约束条件和无价值活动进行检查。过程分析包括根源分析，即分析问题或情况，确定促成该问题或情况产生的根本原因，并为类似问题制定纠正措施。

三、控制

项目管理单位主要从质量控制、质量保证两个方面加强对质量的控制工作。在有设计审图、造价咨询和施工监理存在的前提下，项目管理单位对质量的控制是集成的。在设计阶段，项目管理单位要与业主、设计审图单位合作，组织设计阶段内的质量控制工作。设计质量的控制点有：

（1）设计方案优化的评审；

（2）扩初设计方案的评审，设计方案的风险评估，设计方案的技术经济评价；

（3）施工图设计方案的评审，设计变更流程设计；

（4）在施工阶段，项目管理单位要与业主、监理单位等部门合作，组织协调本阶段质量管理工作，对监理单位提出明确的质量管理要求，跟踪监理单位对工程质量的控制程度；

（5）监理方的质量控制与保证体系的建立，标准质量控制流程的建立；

（6）承包商的质量控制与保证体系的建立；

（7）工程质量满足合同要求的程度跟踪。

（一）质量控制系统的设计

质量控制包括监控特定的项目成果，以判定它们是否符合有关的质量标准，并找出方法消除造成项目成果令人不满意的原因。根据全面质量管理理论，质量的控制不应仅仅是结果的控制，它应当贯穿于项目执行的全过程。建筑产品是项目各阶段策划、设计、建设活动的成果，在其产生、形成过程中应防检结合、以防为主，从各环节上致力于质量提高。项目成果应包括生产成果，如阶段工作报告和管理成果以及成本和进度的执行，因此项目一般采用 PDCA 质量控制系统。以下从执行、检查和处理三个阶段对质量控制系统展开分析。

1. 执行阶段

执行阶段的工作主要是对影响工程质量因素的控制，影响工程质量的因素主要有人、材料、机械、方法和环境五个方面。

（1）人的控制。

（2）材料的质量控制，包括材料采购、材料检验、材料的仓储和使用。

（3）机械设备的质量控制，包括设备选择采购、设备运输、设备检查验收、设备安装和设备调试。

（4）施工方法的控制。

（5）环境因素的控制，包括自然环境的控制、管理环境的控制和劳动作业环境控制。

2. 检查阶段

项目分解是质量检验评定的基础，其评定内容由主控项目和一般项目组成。

（1）主控项目。主控项目的条文是必须达到的基础，是保证工程安全或主要使用功能的重要检验项目。在质量计划条文中应采用"必须"或"严禁"词语表示。

（2）一般项目。一般项目是保证工程安全或使用功能的基本要求，在质量计划条文中应采用"应""不应"词语表示。其指标分为"合格"及"优良"两个等级。基本项目与保证项目相比，虽不像保证项目那么重要，但对结构安全、使用功能、美观都有较大影响，是评定工程"优良"与"合格"的等级条件之一。

3. 处理阶段

由于工程施工受到主客观影响的因素多，尽管通过周密的事前和建立预控措施，以及施工过程的周密组织和贯彻落实，但仍无法防范一些不可预见的偶然因素以及操作过程的某些疏忽和失误，这都将在特定的情况下引起施工质量偏离目标或技术标准。因此，必须经常且及时地进行施工过程的跟踪检查，以发现质量问题、事故和缺陷，通过原因分析采取有效的对策措施来加以纠正，促使施工作业的质量改善或事故能及时地得到处理、整改，维护整个施工过程的质量控制正常运行。

（二）质量保证系统的设计

质量保证体系包括向用户提供必要的保证质量的技术和管理"证据"，表明该项 FI 是在严格的质量管理中完成的，具有足够的管理和技术上的保证能力。

1.质量保证体系的设计原则

（1）质量保证体系，主要以产品或提供的服务为对象来建立，也可以以工序（或过程）为对象来建立。

（2）质量保证手段应坚持管理与技术相结合，即反复查核企业有无足够的技术保证能力和管理保证能力，二者缺一不可。

（3）质量保证体系信息管理是使质量保证体系正常运转的动力，没有质量信息，体系就是静止的，只是形式上的体系。

（4）质量保证体系不是制度化、标准化的代名词，绝不应成为书面的、文件式的质量保证体系。

（5）质量保证体系的深度与广度取决于质量目标，没有适应不同质量水平的一成不变的质量保证体系。

2.质量保证体系的建立

建立和实施质量管理体系的方法由以下几个步骤组成：

（1）确定业主的需求和期望。

（2）建立组织的质量方针和质量目标。

（3）确定实现质量目标必需的过程和职责。

（4）对每个过程实现质量目标的有效性确定测量方法。

（5）应用测量方法确定每个过程的现行有效性。

（6）确定防止不合格并消除产生原因的措施。

（7）寻找提高过程有效性和效率的机会。

（8）确定并优先考虑那些提供最佳结果的改进。

（9）为实施已确定的改进，对战略、过程和资源进行策划。

（10）实施改进计划。

（11）监控改进效果。

（12）对照预期效果，评价实际结果。

（13）评审改进前动，以确定适宜的后续措施。

采用上述方法的项目组能在其过程能力和产品可靠性方面建立信任，并为持续改进提供基础，增加业主满意度，使组织及其顾客均获得成功。

第九节　市政工程项目健康安全及环境规划

一、策划

（一）建立健康安全及环境规划目标

（1）保护产品生产者和使用者的健康与安全，保护生态环境，使社会的经济发展与人类的生存环境相协调。

（2）通过计划和实践，对危险进行反控制，将 HSE（Health and Safety and Environment）的理念完全贯彻到整个工程决策中。

（二）明确健康安全及环境管理的任务

（1）制定 HSE 政策，建立 HSE 记录，设计 HSE 管理。

（2）审核重要功能及内在危险，审核与 HSE 相关的详细设计内容，监督与执行各个层次的 HSE 政策。

（三）确定健康安全及环境管理体系的原则

以预防为主，着眼于持续改进，强调最高管理者承诺和责任，全员参与及全过程管理。

二、方法与措施

（一）建立 HSE 文件体系、管理计划

进行 HSE 管理时，HSE 部门需要编制和执行一系列专门的计划，以使该工程符合相关法律法规，同时将必要的标准结合到工程的设计和操作方案中。

项目管理公司在制订每一项工作的工作计划时，都要同时确定健康、安全与环境管理方案。该方案主要包括以下几个方面：

（1）目标的明确表述；

（2）明确各级组织机构及实现目标和表现准则的责任；

（3）实现目标所采取的措施；

（4）资源需求，即每一项健康、安全与环境管理措施所需的人、财、物；

（5）实施计划的进度表；

（6）促进和鼓励全体员工做好健康、安全与环境管理的方案；

（7）为全体员工提供关于健康、安全与环境表现情况的信息反馈机制；

（8）建立评选健康、安全与环境表现先进个人和集体的制度（如安全奖励计划）；

（9）完善评价机制，工程结束后，要进行健康、安全与环境管理总结，发现管理中的经验和教训，进行分析评价，以利于今后不断完善。

（二）HSE 管理的主要方法

1. 对承包商的 HSE 管理

在业主、项目管理方以及承包商之间加强沟通是管理 HSE 的有效手段之一。因此，项目管理公司将进行如下工作：

（1）演示承包商 HSE 管理体系、管理能力并在相关资格审查表中列出历史安全记录；

（2）确认承包商 HSE 管理体系对承包商的角色和责任的规定；

（3）确认承包商编写的 HSE 规定完善、详细；

（4）评价承包商有关 HSE 方面的答复及提供 HSE 奖励；

（5）在开工会上，证实承包商对现场工作的危险性有足够认识并对 HSE 工作规则非常熟悉；

（6）监测承包商的能力，确保在整个合同期间 HSE 规定得以执行。

2.HSE 报告制度

在项目执行期间，项目管理公司将建立完善的 HSE 报告制度，所有的 HSE 报告均由项目管理公司提供，内容包括：项目 HSE 月报、项目实施计划、项目实施登记、事故报告。

3. 突发危害及其影响管理程序

突发危害及其影响管理程序能够用来识别、评价和缓解安全运营的危害和威胁，它能够识别潜在危害和相关威胁，防止这些危害和威胁的升级，并提出补救措施。所有与业主项目相关的计划和设计活动都要执行 HEMP。

三、控制

HSE 体系是一个管理上科学、理论上严谨、系统性很强的管理体系，具有自我调节、自我完善的功能，并且能够与项目管理方的其他管理活动进行有效融合。其遵循了 PDCA 循环模式，对管理活动加以规划，确定应遵循的原则，实现 HSE 目标，并在实现过程中不断检查和发现问题，及时采取纠正措施，保证实现的过程不会偏离原有目标和原则。因此，就形成三级控制系统，形成了比较严密的三级监控机制，确保了体系的充分性、有效性和适用性。在具体实施过程中，项目管理公司制定控制体系，项目管理班子具体实施，项目各个参与方提供必要的支持和保证。

（一）第一级监控机制：绩效测量和监测

"绩效测量和监测"是体系日常监督的重要手段，其形式类似于传统安全管理工作中的安全监督检查，是 HSE 体系的监控机制的基础保障。它要求：

（1）监测与测量活动应有文件化程序，要有明确的规章、制度并认真执行。

（2）对检测使用的设备仪器应注重校准和维护，确保检测结果的准确可靠。

（3）对所设目标、指标的实施情况进行跟踪，检查其进展情况，及时解决实施过程中出现的各种技术、资源问题。

（4）定期对遵守法律、法规的情况进行评价，比较监控结果和法规执行情况。

有效监控要能发现问题，对监控结果定期评价，并有相关文件或记录予以证明。对不符合规定、不能达到国家要求和计划未完成的情况，应采取纠正和预防措施，防止问题的再次发生，其要点可以归纳如下：

（1）对于各种事故、事件及不符合规定的情况，应明确职责和权限，是谁的责任，由谁查处，能够查处的问题的性质和范围等都应明确。

（2）采取措施减少由事故、事件或不符合规定的情况产生的影响。

（3）应追查产生事故、事件、不符合规定的原因，并根据问题的原因和性质，对原有的不合理的程序进行修改。从根源上解决问题，预防类似问题的再次发生。

（二）第二级监控机制：HSE 体系审核

这里的 HSE 体系审核是指组织内部的自我检查过程，是内审。它与第三方的外部审核一样，也是一个系统化、程序化、文件化、客观的验证过程，要遵循独立、客观、系统的原则，保证自我监控手段充分、有效，能对企业的 HSE 体系是否符合标准的各项要求，是否完成了企业的健康安全环境目标和指标做出判断。

（1）定期开展内审，要有文件化的方案和程序。一般内审由管理者代表推动，进行前应做好计划，全面覆盖审核规范的要求。内审的频率可以根据企业性质和特点自行设定，但不应低于外审频率，不少企业规定半年或一年一次。

（2）内审应能判断体系的运行情况是否符合 HSE 体系标准，内审人员要经过专门的培训，掌握审核的基本方法和技巧，并且能独立开展工作，保证审核结论的客观性。

（3）内审完成之后，要将结果送报管理者。管理者一方面向上呈报，使最高管理者掌握体系运行状况；另一方面要使有关职能部门了解自己和相关部门的运行情况，便于及时并有针对性地采取纠正与预防措施，改进提高。

一般内审时，借鉴环境管理体系内审的做法，各部门人员尽量要交叉进行，本部门自我检查往往会因为太熟悉而难以发现问题。若不同部门的人员进行交叉审核，则可以大大提高检查的广度和深度，更为有效和客观。另外，内审范围应更全面、详细，对各职能与层次间的相互关系与文件接口、要素间的联系与功能的划分、基础性文件与记录的完整都应进行全面的检查，对企业健康安全环境目标和指标的完成情况也应全面评估。

（三）第三级监控机制：管理评审

管理评审是由 HSE 体系中的最高管理者进行的评审。它不对细节问题进行过多的讨论，而是根据企业 HSE 体系审核的结果、不断变化的客观环境和对持续改进的承诺，指出方针、目标以及 HSE 体系其他要素可能需要进行的修改，并提出下一步改进、调整的目标。其核心要求是：

（1）管理评审必须由最高管理者进行，因为体系的真正推动力来自最高管理者。

（2）管理评审也应定期开展，一般在内审之后。

（3）管理评审的重要意义在于判断体系的持续适用性、有效性和充分性，作为调整企业健康安全环境方针、目标的依据，为下一步的持续改进提供方向。

（4）管理评审同样要有记录等文件化的材料。

为达到管理评审的目的，在进行管理评审前应做好充分的准备工作，包括提供内审报告。企业的最高管理者进行的这种评审与前两级监控有着明显的不同。管理评审并不是简单地对照法规或程序的有关要求对某一现象或某一要素进行纠正，而是对管理体系的缺陷和集中存在的问题加以解决，体现了更高的层次和宏观的调整。

（四）三级监控机制间的相互关系

第一级监控机制主要针对企业日常操作和基层管理问题，用于监控一般的生产操作和基层管理。解决问题的方法是随时产生，随时解决。该级别监控主要由项目管理班子监督，工程监理具体完成。第二级监控是由项目管理方组织项目内部审核进行，要调动项目管理班子成员的积极性，审核的范围则包括了项目各参与方的主要部门和主要责任人，要集中发现问题并集中解决问题。第三级监控是由项目管理公司进行，将一些项目管理班子解决不了的问题集中在一起，由公司 HSE 职能部门加以解决。

各级监控措施联系紧密又相对独立，既能在各自的层次单独发挥作用，及时发现问题、解决问题，又可以将问题集中起来，找出管理的弱点，进一步提高管理水平，下一级监控又成为上一级监控措施信息和判断的基础。

HSE 检查和审查的重点是管理效率。评价 HSE 管理计划中检查过的部分以确定项目管理的一致性和有效运行。

第十节　市政工程风险目标规划

一、策划

（一）建立风险管理目标

（1）建立风险管理目标，建立风险管理体系，实施风险管理措施，在保证建设过程安全的前提下，实现投资、进度和质量的控制要求。

（2）风险因素分解，实现各阶段风险管理。

（二）风险管理体系

风险管理体系是项目风险管理的总系统，由以下分体系构成。

1. 风险管理的目标体系

由于不同阶段风险管理的目标不一致，因此对建设项目来说，风险管理的具体目标并不是单一不变的，而应该是一个有机的目标系统。在总的风险管理的目标下，不同阶段需要有不同阶段的风险管理目标。当然，风险管理目标必须与项目管理总目标一致。

项目前期目标：分析项目可能遇到的风险，并通过检查保证采取了所有可能的步骤来减少和管理这些风险。

项目实施期目标：建立风险监控系统，以及早采取预防措施。

项目运营期目标：减少和管理运营风险，从而降低运营成本，增加利润。

2. 风险管理的组织体系

风险管理团队由风险管理负责人、项目风险分析人员和不同层次项目管理人组成，除此之外还应包括外部专家。风险管理负责人在项目经理领导下，负责制定和监督检查风险管理计划的实施，明确所有人员的质量职责。项目风险分析人员主要负责风险的识别、分析和评估。

整个风险管理过程，并不仅仅是项目管理方的职责，需要业主、项目管理公司、设计、监理、施工方等各方的共同参与。项目管理方主要负责风险的识别、评估以及风险计划的制订，业主主要负责表明风险态度，风险管理计划的实施需要项目各方的共同参与。

3. 风险管理的控制体系

风险管理的控制体系主要包括风险识别系统、风险分析系统、风险评估系统、风险决策系统、风险应对系统、风险监控系统六个部分的内容。

二、方法及措施

（一）风险识别的方法和措施

风险识别包括确定风险的来源，风险产生的条件，描述其风险特征和确定哪些风险会对本项目产生影响。风险识别方法很多，目前比较常用的方法有：德尔菲法、头脑风暴法、情景分析法、核对表法和面谈法等。

（二）风险评估的方法和措施

在工程实践中，评估项目风险总体效果的方法有定性方法和定量方法。定性方法是决策者自己凭借主观判断和参考对风险因素的识别，判断这些主要风险可能产生的后果是否可以接受，从而做出项目整体风险的判断。定量的方法中，比较常用的方法包括调查打分法、层次分析法、蒙特卡洛模型、敏感性分析、模糊数学及影响图等。

（三）风险应对的方法和措施

1. 合同的应用

合同是进行风险管理的工具，合同的基本作用是管理和分配风险。在风险管理过程中，在风险完成评估以及相应的决策后，选择适当的合同形式和条文是十分重要的。

2. 风险回避

风险回避就是拒绝承担风险，这是一种最彻底的消除风险的方法。虽然建设项目的风险是不可能全部清除的，但借助于风险回避的一些方法，对某些特定的风险，在它发生之前就消除其发生的原因还是可打操作的。

3. 风险的减轻与分散

通常把风险控制的行为称为风险减轻，包括减少风险发生的概率或控制风险的损失。在某些条件下，采取减轻风险的措施可能会收到比风险回避更好的技术经济效果。分散风险是指通过增加风险承担者，将风险各部分分配给不同的参与方，以达到减轻整体风险的目的。

4. 风险自留与利用

风险自留是指由自己承担风险带来的损失，并做好相应的准备工作。

5. 风险应急计划

如果采用风险自留或利用的方案，那么就应该考虑制订一个应急的计划。最常见的应急计划就是准备一笔应急费用，在项目的经费预算中，确保能够提供实际的意外费用，风险越大，所需应急费费用越多。另一种应急措施就是对项目原有计划的范围和内容做出及时的调整。

6. 风险转移

风险转移，是通过某种方式将某些风险的后果连同对风险应对的权利和责任转移给他人，工程管理者不再直接面对被转移的风险。

三、控制

市政工程风险管理控制一般应遵循以下步骤。

（一）风险的辨识和分析

风险辨识是风险管理的基础，只有尽可能地准确查找出市政工程建设各个阶段存在的所有风险，才能对其进行科学的评价与决策，并提出有效的措施，制定相应的应急救援预案。风险辨识和分析一般应解决以下问题：

（1）工程实施过程中存在哪些风险，对于市政工程来说，建设过程中可能存在如下风险：结构损伤、建筑物沉降开裂、基坑内土体滑坡、坑底隆起、基坑坍塌、管涌、管线破裂、火灾、触电、起重伤害、交通事故等。

（2）引起这些风险的主要原因和部位，如基坑开挖、基坑支护、地基加固、混凝土浇注、脚手架、模板搭设与拆除、起重作业、高处作业、施工用电、焊接作业、桩作业、围护结构等施工作业。

（3）这些风险会引起风险事故的严重程度。市政工程实施全过程存在的主要风险因素，经过一定的诱因会演变成风险事故，造成人员伤亡、财产损失和环境破坏等后果，并可能会对周围建筑、公共设施或社会公众的生活或生命造成严重损害。

市政项目建设过程中，上述风险的产生因素无外乎技术、管理、环境等因素。技术因素主要有施工工艺选择不合理、地质情况和地下管线布置勘测不清、施工设备选择不当或故障、施工技术参数计算错误或选择不当等；管理因素主要有对施工作业人员的安全管理不到位或作业人员违章作业，安全生产制度和责任制未建立或未能有效地贯彻落实，对现场施工设备、材料的管理不严格，有关安全生产的法律、法规和强制标准没有得到认真执行等；环境因素主要有突发的自然灾害台风、海啸、地震、暴雨、洪水等引发的事故。风险辨识一般只能基于过去的经验来判断、预测，但是新的情况往往会出现新的风险因素。因此，在风险辨识阶段要尽可能全面地考虑各种风险因素和风险源。

（二）风险的评价

在风险辨识和分析的基础之上，划分评价单元，选择合理的评价方法，对工程发生事故的可能性和严重程度进行定性、定量评价。

（1）评价单元的划分是进行风险评价的第一步，可以以地下结构、地上结构为对象，也可以按照施工部位或施工作业方法为对象。

（2）常用的风险评价方法有定性评价方法和定量评价方法。

定性评价方法主要是根据经验和直观判断能力对工程项目的施工工艺、施工设备、设施、环境、人员和管理等方面的状况进行定性分析，风险评价结果是一些定性的指标，如是否达到了某些安全指标、事故类别和导致事故发生的原因等。定量风险评价方法是运用基于大量的实验结果和广泛的事故资料统计分析获得的指标或规律（数学模型），对工程项目的施工工艺、施工设备、设施、环境、人员和管理等方面的状况进行定量的计算，风险评价的结果是一些定量的指标，如事故发生的概率、事故的伤害（或破坏）范围、定量的危险性、事故致因因素的事故关联度和重要度等。

（3）定性、定量评价结果分析。

评价结果应较全面地考虑评价项目各方面的安全状况，要从"人、机、料、法、环"理出评价结论的主线并进行分析。交代建设项目在安全卫生、技术措施、安全设施上是否能满足系统安全的要求。

（4）对风险进行分类。

对评价结果进行分析整理、分类并按严重度和发生频率分别将结果排序列出。将特别重大的危险（群死群伤）或对社会产生特别重大影响的危险、重大危险（个别伤亡）或对社会产生重大影响的危险、一般危险或对社会产生一般影响的危险等进行排序列出。

（三）风险控制

根据风险定性、定量评价结果，提出消除或减弱危险、危害因素的技术和管理措施及建议。

1.风险控制对策制定的基本要求

（1）能消除或减弱施工生产过程中的危险、危害；

（2）预防施工设备故障和操作失误产生的危险、危害；

（3）预防施工工艺技术不合理产生的危险、危害；

（4）能有效地预防重大事故和职业危害的发生；

（5）发生意外事故时，能提供应急救援措施。

2. 风险控制管理对策措施制定的基本原则

（1）加强安全生产管理，建立、健全安全生产责任制度，完善安全生产条件，确保安全生产；

（2）完善机构和人员配置，建立并完善参建各单位的安全管理组织机构和人员配置，保证各类安全生产管理制度能认真贯彻执行，各项安全生产责任制落实到人；

（3）对各参建单位项目负责人、安全生产管理人员、一线作业人员进行安全培训、教育和考核；

（4）保证必需的安全投入和安全设施投资到位；

（5）实施监督与日常检查，对检查中发现的风险与隐患应及时整改、消除。

3. 风险控制技术对策措施制定的基本原则

（1）施工总平面布置应充分考虑对环境的影响；

（2）施工工艺方法的选择应科学并经反复论证，深基坑开挖、特大结构吊装的施工作业应编制专项施工方案，并通过建委科技委组织的专家评审；

（3）针对各种施工工艺方法应有针对性地制定相应的施工安全技术操作规程；

（4）对地下管线和周边建筑，在了解详细准确的地质资料的前提下，应编制相应的保护方案；

（5）完善施工监测手段，加大施工检测力度和频率；

（6）施工测量记录、检测报告要及时、真实，保存完整。

（四）应急救援预案

针对风险分析、评价结论，对可能发生并引发严重后果的重大事故提出相应的应急救援预案。应急救援预案编制的基本内容应包括以下几个方面：

（1）基本情况；

（2）施工安全重大危险源的主要类型、对周围的影响；

（3）危险源周围可利用的安全、消防、个体防护的设备、器材及其分布；

（4）应急救援组织机构、组成人员和职责划分；

（5）报警、通信联络方式；

（6）事故发生后应采取的处理措施；

（7）人员紧急疏散、撤离；

（8）危险区的隔离；

（9）检测、抢险、救援及控制措施；

（10）受伤人员现场救护、救治与医院救治；

（11）现场保护；

（12）应急救援保障；

（13）预案分级响应条件；

（14）事故应急救援终止程序；

（15）应急培训计划；

（16）演练计划；

（17）附件。

第三章　市政工程项目管理的组织及合同策划管理

第一节　市政工程项目策划的思想及原则依据

项目管理是目标管理，目标决定组织，组织是 IR 标能否实现的决定性因素。组织设置的原则考虑如下几个方面：

（1）必须反映目标和计划。

（2）制定项目管理组织手册。

（3）制定项目管理班子人员责任制度。

（4）建立组织、部门和岗位明确的责任界面。

（5）组建合理的年龄结构、合理的专业结构、精干的项目管理团队。

项目管理的组织由两个层次构成，分别为项目管理系统组织结构和项目管理班子组织结构。根据项目进展，项目管理公司应根据具体的情况同建设单位一起对已有组织结构进行相应调整。一般的项目管理系统组织结构包括业主、项目管理公司和一些具体的实施单位，如设计单位、监理单位、施工单位以及材料设备供应单位等。对市政工程项目来说，还要增加政府主管部门或承建部门。在实际工作中，具体模式可根据项目特点由业主授权，如果项目管理方力量充足，有些咨询顾问的工作内容，如设计审图、招标代理、造价咨询单位，也可自行承担而不再委托专业单位。

第二节　市政工程项目管理任务

一、业主方的主要任务

对于一般的工程项目，业主是项目实施的组织者和总集成者，其对项目建设的控制能力（包括组织能力、管理能力和协调能力）是项目建设成败的关键。在工程建设过程中，业主方的主要工作和任务体现在以下几个方面：

（1）负责工程建设投资金的落实，按建设进度要求，确保工程款、材料、设备、采购款项等费用分期及时支付到位（包括前期征地、拆迁费用）。

（2）负责招标确定设计单位、施工单位、监理单位及其他承担工程内容的相关单位。

（3）负责项目的投资控制、合同造价、工程决算价格的审定。

（4）按合同约定，向项目管理单位支付项目管理费用。

（5）对项目管理单位提交的符合规范的财务用款计划、建设进度、报表、各类报告、工作联系单等及时审核、确认、回复。

（6）在合同建设期间，对管理单位按约定组建的项目管理部及派出人员进行监管。对不能胜任工程建设管理职能的，保留随时撤换不尽职的人员，或其作为项目管理单位的权利。

二、市政工程项目管理单位的主要任务

作为项目管理单位，市政工程项目的项目管理方应该承担的一般的项目管理任务和职责，即目标管理与控制，包括进度控制、质量控制、投资

控制、信息管理、合同管理、组织与协调等。除此之外，对于市政工程项目而言，由于采用授权比较充分的代建制管理模式，项目真正业主即政府在工程建设中的各项具体任务很多时候就直接交由项目管理方，从这个角度来说，在很多情况下市政工程的项目管理方的地位和作用与一般工程项目中的业主类似，代行了项目业主的部分责任、任务。如很多时候作为项目投资方的对外发言人；接受政府有关主管、职能部门的监督、指导，充当政府主管部门与项目实施有关方之间的桥梁，并负责协调各方面之间的工作关系，向项目实施有关部门和参与项目建设的有关单位提供工作所需要的支持；主持由业主方召集的有关工程会议，向参与项目建设的设计单位、施工单位、建设监理以及其他相关单位下达指令；在市政配套、材料设备的采购、招投标管理、合同谈判和签署、竣工验收等方面代行部分或全部业主职能；等等。

（一）工程前期管理

（1）配合当地政府做好项目工程规划用地范围内的征地、拆迁工作。

（2）负责项目向政府有关部门办理相关的批文、证照。

（3）编制工程建设大纲，明确项目管理目标。

（4）负责审查各承包单位编制的施工组织设计，检查各项施工准备工作。

（5）负责向有关部门办理工程开工申请和批准手续。

（6）负责审核设计资料、控制设计进度。

（7）负责设计会审、技术交底及设计时与公用管线、交通、航道、消防、环保等部门协调工作。

（8）做好对工程地质、水文与气象等现场条件，以及周围环境、材料场地、进入现场方法、可能需要的设施的调查和考察工作，根据这些因素对工程的影响和可能发生的风险、意外事故、不可预见损失及其他情况进行充分的考虑并做好积极的防范措施，以确保工程的顺利进行。

（9）负责其他前期协调工作。

（二）**工程设计管理**

（1）协调项目与当地政府的关系，并组织设计评审。

（2）落实设计进度和质量，满足项目建设要求。

（3）组织设计会审和设计交底。

（4）对于设计中可能出现的差错及时核查。

（5）负责组织设计方案优化、施工图设计管理等工作。

（6）负责进行设计、施工方的工程技术协调工作。

（7）应对本工程中的重大设计变更进程审核并报业主及监管单位审核通过后督促施工单位进行施工。

（8）负责其他设计工作的协调。

（三）**工程进度管理**

（1）按照合同规定的工期要求，审查和调整施工单位上报的工程进度计划，包括总体计划及年、月进度计划，以及主要节点计划。

（2）按照经业主审定的实施计划下达给施工单位，并严格按计划控制工程进度。

（3）严格计划进度管理，每月向业主和有关部门上报单位工程计划完成报表、工程计划报表、工程形象进度报表等有关报表。

（4）召开工程例会，掌握工程进度，协调工程实施中的问题，确保工程进度。若工程进度达不到计划进度要求，应及时查明原因，采取相应的积极措施予以调整，确保总工程如期完成。

（5）负责其他影响工程进度的协调工作。

（四）**工程质量管理**

（1）按照地区及行业管理的有关规定，配合各承包单位到有关部门办理工程质量监督申报等有关手续。

（2）按照相关建设工程监理管理办法及委托监理合同的规定，负责规范和指导施工监理单位对工程实施的全面质量监理，并对监理单位的工作进行考核。

（3）负责定期和不定期对工程进行检查和核验，发现质量问题及时组织整改，确保工程质量达优良级。

（4）负责根据本项目工程的特点对本项目单位工程进行划分。

（5）负责工程施工过程中各项工程的验收，包括隐蔽工程的验收、分部分项工程的验收、原材料产品的抽验和提交有关证明文件。

（6）项目具备验收条件时，负责按有关规定组织竣工验收。

（7）项目实施过程中，负责对各承包单位档案编制的指导和培训，督促其编制合格的竣工资料。

（8）负责本项目所有竣工资料的收集、整理、汇编，并负责通过档案资料的竣工验收。

（9）负责组织施工设计图技术交底，督促施工单位制订施工技术方案，审查各项技术措施的可行性和经济性，提出优化方案或改进意见。

（10）审查施工单位编制的施工组织设计、报表、请示、备忘录、通知单、检查施工单位的各项施工准备工作。

（11）检查工程施工质量，按时书面向业主提供工程质量报告（重大工程质量问题及时专题报告）。

（12）检查设计变更和工程联系单的执行情况，负责处理施工过程中发生的技术问题并经设计院确认后实施。

（13）负责组织处理工程质量事故，查明质量事故的原因和责任，报业主备案，并督促和检查事故处理方案的实施。

（14）负责组织施工质保期中的质量保修工作，直至保修期满。

（15）负责其他工程质量的管理。

（五）工程造价管理

（1）应根据工程的特点对工程全线的现状深入摸底，将设计范围内的管线搬迁、交通配合、社会辅道等工作量进行统计，在摸底资料的基础上，配合、督促设计院进行初步设计的优化工作，使设计方案更具合理性、经济性。

（2）协助业主负责本项目的招标工作，包括设计、施工、监理等招标。

（3）审核各承包单位每月上报的工程验收报表，并经业主审核后作为每月应拨工程款的依据。

（4）审核各承包单位每月上报的下月施工进度计划，据此编制财务用款计划，上报业主安排项目用款进度。

（5）负责编制年、月的投资完成报表、财务用款计划报表等有关报表。

（六）**安全生产、文明施工管理**

（1）按照政府及行业管理的有关规定，协助建设单位到有关部门办理工程安全监督申报等有关手续。

（2）督促承包单位做好安全生产、文明施工，并检查安全生产、文明施工措施的制定和落实。

（3）项目管理单位应对本工程的文明施工、安全生产负有管理责任，同时应明确承包单位的安全职责，督促承包单位采取措施，做好现场安全防护工作。如有事故发生，责任单位应按相关规定及时向有关部门上报，采取措施保护事故现场，积极参加事故调查，根据调查结果承担相应责任。

（4）负责督促承包单位保证施工场地及现场生活设施（包括食堂、宿舍、厕所等）的清洁和卫生；负责建立文明施工监督网络，检查文明施工落实情况。

（5）负责加强安全培训教育，增强施工人员自我保护意识。施工现场要求做到规范化、标准化，做到重点部位重点监控。

（6）工程建设期结束后，应当将工程范围外所有受本工程建设影响的土地及地上、地下构筑物，建筑物恢复到本工程施工前的相应状态或者予以赔偿。

（七）**工程的验收移交**

工程竣工后，业主和监管单位将参加工程竣工验收，并督促施工单位做好工程移交工作，以证实工程符合已批准的初步设计和有关标准的要求。管理单位负责解决验收中的工程质量问题及保修期的工程质量问题，组织办理工程竣工正式移交手续，工程档案资料移交等工作。

第三节 市政工程项目管理职能分工及组织系统

对于项目实施过程中涉及的每一项工作任务，不同参与单位承担着规划、决策、执行和检查等不同管理职能，对此需要在项目正式开展前就予以明确，并在项目实施过程中不断细化和调整。由于市政工程项目管理单位属于政府投资项目代建管理，在管理职能分工方面，尤其是业主与项目管理方的分工方面也与一般工程项目有所不同。

市政工程项目采用代建制模式进行管理，在某些比较复杂、规模比较大的市政项目管理过程中，单独一家项目管理单位难以提供全方位、全过程的工程管理服务，或者政府认为需要不同咨询单位共同参与形成一种服务更加专业、技术上能够相互补充、组织架构上能够相互制约监督的管理组织系统。在这类项目的管理过程中，可以委托专业的咨询顾问从事某一领域的业务，如引入设计监理、工程监理、造价咨询等角色。在这种情况下，项目管理是各个顾问的集成者，各专业顾问只对授权范围内的局部内容负责，而项目管理需对全部管理内容负责，如确定各自工作量，确定信息流程等，并协调好各顾问之间的工作关系。

一、项目管理方与设计审图方之间的工作关系

项目管理方和设计审图方同为业主的咨询服务单位。设计审图方在设计阶段承担了项目管理方设计管理的一部分工作。项目管理方负责设计审

图方、设计方、建设单位方三方之间的沟通。

二、项目管理方与招标代理之间的工作关系

项目管理方和招标代理同为业主的咨询顾问，招标代理在招投标阶段负责相应的招投标等事宜，项目管理方在该阶段进行协作和监督管理工作。

在我国从事招投标代理工作必须有相应的资质。招投标代理按其工作的内容可以分为工程招标代理、材料设备招投标代理和项目服务招投标代理。

在工程、材料设备采购时，如果项目管理方具有招投标代理的资质，受政府委托也可从事招投标代理的工作。

在项目服务采购时，因项目管理方本身为项目的一个咨询服务方，所以在该阶段的招投标工作中，涉及项目管理方有关的招投标采购，项目管理方需要回避，这部分工作由专业的招投标代理方进行。

三、项目管理方与造价咨询之间的工作关系

业主可以根据需要请专业的造价咨询来负责项目的投资控制，此时的项目管理方的投资控制任务划分给造价咨询。造价咨询对整个项目的投资规划、进度、控制等负责；项目管理方需要和造价咨询单位及时沟通和协作，并负责该阶段的监督管理工作。

四、项目管理方与建设监理之间的工作关系

现阶段我国许多项目管理单位是由建设监理单位转型而来，在国家政策和业主容许条件下，具有相应资质的项目管理方可以既做项目管理咨询单位也可做施工过程的监理单位。我国建设监理主要负责施工过程中的质量、安

全、进度等工作，项目管理方主要负责施工阶段全过程、全方位的管理工作，其管理及任务范围远远大于建设监理单位，能够对工程监理单位下达指令。

另外，无论是项目管理方还是建设监理，在现阶段我国的国情下，都有其存在的必然性，并且他们的宗旨都是服务主业和建设项目，二者具有相同的立场和职责，并没有利益上的冲突和矛盾。

除上述专业咨询顾问外，在项目实施过程中根据需要，还可以聘请其他专业技术或管理顾问，其定位都是同一个建设项目的不同咨询服务单位，具有相同的立场，只是任务分工、工作范围不同，其宗旨都是按照各自的职能和任务，服务好整个建设项目。

第四节　市政工程合同管理的采购模式

项目合同管理是项目管理的核心管理任务，其目标是根据项目特点，论证和选择合适的采购形式，论证和确定公平、合法、风险分担的合同文本以及做好合同执行的管理，以确保项目目标的实现。

一、采购分类

市政工程项目属于公共工程项目，一般由政府、国有企业、事业单位等部门或单位使用公共资金进行投资，上述单位称为公共部门业主。为了规范公共资金的有效使用，多数国家和地区针对公共工程制定了专门的采购法律、法规，如在我国，市政工程项目的相关采购就必须遵照《中华人民共和国招标投标法》（简称《招投标法》）、《中华人民共和国政府采购法》（简称《政府采购法》）中的相关规定执行。

公共工程采购应遵循的原则为公开透明原则、公平竞争原则和诚实信用原则。按照采购的标的物的属性划分，与市政工程相关的采购形式有工程建设项目、工程货物和工程服务三类。

（一）工程建设项目

工程建设项目是指土木工程、建筑工程、线路管道和设备安装工程、装饰装修工程等建设以及附带的服务。

（二）工程货物

工程货物是指工程所需的材料设备以及货物供应的附带服务等，是项目采购的重要内容。项目所需货物一般可在国内和国际范围内采购，因此货物采购需要掌握一定的贸易知识，特别是跨国采购需要了解相应的国际贸易法则。

（三）工程服务

工程服务工作贯穿于项目的整个周期，是指除工程建设项目和工程货物以外的采购内容，如勘察、设计、工程咨询（审图、造价咨询、工程监理、项目管理）等服务。

二、项目采购

项目采购有两种基本类型，直接发包和招标。其中《招标投标法》规定的招标采购又分为公开招标和邀请招标两种方式。《政府采购法》规定，政府采购工程进行招标投标的，适用《招标投标法》，其他纳入《政府采购法》的管理监督范围。

（一）工程采购模式

1. 施工平行发包

平行发包，又称为分别发包，是指发包方根据建设项目的特点、项目进展情况和控制目标的要求等因素，将建设项目按照一定原则分解，将设计任务分别委托给不同的设计单位，将施工任务分别发包给不同的施工单位，各个设计单位和施工单位分别与发包方签订设计合同和施工合同。

2.施工总承包

项目业主将一项工程的施工安装任务全部发包给一家资质符合要求的施工企业，而总承包施工企业在法律规定许可的范围内，可以将工程按部位或专业进行分解后分别发包给一家或多家经营资质、信誉等条件经业主或其工程师认可的分包商。

3.EPC（设计、采购和施工总承包）

EPC是建设项目总承包的一种方式，是指工程总承包企业按照合同约定，承担建设项目的设计、采购、施工、试运行服务等工作，并对承包工程的质量、安全、工期、造价全面负责。EPC总承包可以针对一个建设项目的全部功能系统进行总承包，也可以针对其中某个功能系统进行总承包。

（二）采购组织的选择

国家建设部相关文件规定：依法必须进行施工招标的工程，招标人自行办理施工招标事宜的，应该具备编制招标文件和组织评标的能力，即有专门的施工招标组织机构；同时有与工程规模、复杂程度相适应并具有同类工程施工招标经验、熟悉有关工程施工招标法律法规的工程技术、概（预）算及工程管理的专业人员。

不具备上述条件的，招标人应当委托具有相应资格的工程招标代理机构代理施工招标。

（三）招标采购管理委托

招标人可以委托招标代理机构承担勘察、设计、施工、项目管理招标的业务。

（1）协助招标人审查投标人资格。

（2）拟订工程招标方案，编制招标文件。

（3）编制工程标底或工程量计算。

（4）组织投标人踏勘现场和答疑。

（5）组织开标、评标和定标。

（6）草拟工程合同、监督合同的执行。

（7）其他与工程招标有关的代理咨询业务。

大型或者复杂工程招标代理，可以由两个以上的工程招标代理机构联合共同代理，联合共同代理的各方都应当在代理合同上签字，对代理合同承担连带责任。

（四）招标采购管理的要点

招标代理服务可以委托给具有专业资质的项目管理单位或专业招标代理机构，并应注意以下要点：

（1）工程招标代理必须采用书面形式。

（2）被代理人应慎重选择代理人。因为代理活动要由代理人实施，且实施结果要有代理人承受，因此，如果代理人不能胜任工作，将会给被代理人带来不利的后果，甚至还会损害被代理人的利益。

（3）委托授权的范围需要明确。

（4）委托代理的事项必须合法。

（5）代理人应依据法定或约定，善始善终地履行其代理责任。

（6）代理人不得与第三人恶意串通损害被代理人的利益。

第五节　市政工程合同管理实践

一、合同管理的主要内容和流程

（一）合同管理的主要内容

（1）接收合同文本并检查、确认其完整性和有效性。

（2）熟悉和研究合同文本，全面了解和明确业主的要求。

（3）确定项目合同控制目标，制订实施计划和保证措施。

（4）依据合同变更管理程序，对项目合同变更进行管理。

（5）依据合同约定程序或规定，对合同履行中发生的变更、违约、争端、索赔等事宜进行处理和／或解决。

（6）对合同文件进行管理。

（7）进行合同收尾。

（二）合同的订立原则和要求

项目部应按下列要求组织合同谈判：

（1）明确谈判方针和策略，制订谈判工作计划。

（2）按计划要求做好谈判准备工作。

（3）明确谈判的主要内容，并按计划组织实施。

（4）项目部应组织合同的评审，确定最终的合同文本，经授权订立合同。

（三）合同履行的管理要求

（1）合同管理人员应对分包合同确定的目标实行跟踪监督和动态管理。在管理过程中进行分析和预测，及早提出和协调解决影响合同履行的问题，以避免或减少风险。

（2）合同管理人员在监督合同履行过程中，防止由于承包人的过失给发包人造成损失，致使发包人承担连带的责任风险。

（四）合同变更处理程序

（1）建立项目合同变更审批制度、程序或规定。

（2）提出合同变更申请。

（3）合同变更按规定报项目经理审查、批准，必要时经项目企业合同管理部门负责人签认。

（4）合同变更应送业主签认，形成书面文件，作为总承包合同的组成部分。

（5）当合同项目遇到不可抗力或异常风险时，项目部合同管理人员应根据合同约定，提出合同当事人应承担的风险责任和处理方案，报项目经理审核，并经合同管理部门确定后予以实施。

（五）合同争端处理程序

（1）当事人执行合同规定解决争端的程序和办法。

（2）准备并提供合同争端事件的证据和详细报告。

（3）通过和解或调解达成协议，解决争端。

（4）当和解或调解无效时，可按合同约定提交仲裁或诉讼处理。

（5）当事人应接受最终裁定的结果。

（六）合同的违约责任

（1）当事人应承担合同约定的责任和义务，并对合同执行效果承担应负的责任。

（2）当发包人或第三方违约并造成当事人损失时，合同管理人员应按规定追究违约方的责任，并获得损失的补偿；项目部应加强对连带责任风险的预测和控制。

（七）索赔处理程序

（1）应执行合同约定的索赔程序和规定。

（2）在规定时限内向对方发出索赔通知，并提出书面索赔报告和索赔证据。

（3）对索赔费用和时间的真实性、合理性及正确性进行核定。

（4）按最终商定或裁定的索赔结果进行处理，索赔金额可作为合同总价的增补款或扣减款。

（八）合同文件管理要求

（1）明确合同管理人员在合同文件管理中的职责，并按合同约定的程序和规定进行合同文件管理。

（2）合同管理人员应对合同文件定义范围内的信息、记录、函件、证据、报告、图纸资料、标准规范及相关法规等及时进行收集、整理和归档。

（3）制定并执行合同文件的管理制度，保证合同文件不丢失、不损坏、不失密，并方便使用。

（4）合同管理人员应做好合同文件的整理、分类、收尾、保管或移交工作，以满足合同相关方的要求，避免或减少风险损失。

（九）合同收尾

（1）合同收尾工作应按合同约定的程序、方法和要求进行。

（2）合同管理人员应对包括合同产品和服务的所有文件进行整理及核实，完成并提交一套完整、系统、方便查询的索引目录。

（3）合同管理人员确认合同约定的"缺陷通知期限"已满并完成了缺陷修补工作时，按规定审批后，及时向业主发出书面通知，要求业主组织核定工程最终结算及签发合同项目履约证书或合同项目验收证书。

试运行结束后，项目部应会同项目企业合同管理部门按规定进行总结评价。其内容包括对合同的订立及实施效果的评价，对合同条件的评价，对合同履行过程及情况的评价以及对合同管理过程的评价。

为完成一个市政工程项目的建设，随着项目的进展，建设单位会和项目相关单位建立合同关系，最为主要的合同包括勘察设计合同、建设施工合同、监理合同等。

二、勘察设计合同的管理

（一）业主的主要工作和义务

（1）按照合同约定提供开展勘察、设计工作所需的原始资料、技术要求，并对提供的时间、进度和资料的可靠性负责。

（2）发包人应当提供必要的工作条件和生活条件，以保证其正常开展工作。

（3）按照约定向勘察、设计人支付勘察、设计费，并应支付因工作量增加而产生的费用。

（4）保护知识产权，业主对于勘察设计人交付的勘察成果、设计成果，不得擅自修改，也不得擅自转让给第三方重复使用。

（二）勘察、设计人的主要工作和义务

1.按照合同约定向发包人提交合格的勘察、设计成果

这是勘察、设计人最基本的义务，也是发包人订立勘察设计合同的目的所在。勘察、设计人应按照合同规定的进度完成勘察、设计任务，并在约定的期限内将勘察成果、设计图纸及说明和材料设备清单、概（预）算等设计成果按约定的方式交付发包人。勘察、设计人未按期完成工作并交付成果的，应承担违约责任。

2.勘察、设计人对其完成和交付的工作成果应负瑕疵担保责任

即使在勘察合同履行后，于工程建设中发现勘察质量问题的，勘察人仍应负责重新勘察，如果造成发包人损失的，应赔偿发包人的损失。设计合同履行后，当设计质量不合要求而引起返工时，设计人亦应继续完善设计，如果造成发包人损失的，应赔偿发包人的损失。

3.按合同约定完成协作的事项

勘察、设计人交付勘察、设计资料及文件后，应按规定参加有关的审查，并根据审查结论负责对不超出原定范围的内容做必要调整补充、按合同对其承担勘察设计任务的工程建设配合施工，负责向发包人及施工单位进行技术交底、处理有关勘察设计问题和参加竣工验收等。

4.维护发包人的技术和商业秘密

勘察、设计人不得向第三人泄露、转让发包人提交的产品图纸等技术经济资料。如发生以上情况并给发包人造成经济损失，发包人有权向勘察、设计人索赔。

三、建设施工合同的管理

根据中华人民共和国住房和城乡建设部建筑市场监管司颁发的《建设工程施工合同示范文本》(征求意见稿)，发包人、承包人的一般义务如下：

(一) **发包人的一般义务**

(1) 发包人应按合同约定向承包人及时、足额地支付合同价款。

(2) 发包人应按专用合同条款约定向承包人提供施工场地以及基础资料，并使其具备施工条件。

(3) 发包人应获得由其负责办理的批准和许可，并协助承包人办理法律规定的有关证明和批准文件。

(4) 发包人应按合同约定向承包人提供施工图纸和发布指示，并组织承包人和设计单位进行图纸会审和设计交底。

(5) 发包人应按合同约定及时组织工程竣工验收。

(6) 发包人应按合同约定时间颁发部分或全部工程的接收证书、解除工程担保、返还质量保证金。

(7) 发包人应负责收集和整理工程准备阶段、竣工验收阶段形成的工程文件，并应进行立卷归档。

(二) **承包人的一般义务**

(1) 承包人应按合同约定的关于竣工验收与工程试车的条款，实施、完成全部工程，并修补工程中的任何缺陷。

(2) 承包人应按合同约定的工作内容和施工进度要求，编制施工组织设计，并对所有施工作业和施工方法的完备性和安全可靠性负责。

(3) 承包人应按合同关于安全文明施工、职业健康和环境保护的约定采取施工安全措施，确保工程及其人员、材料、设备和设施的安全，防止因工程施工造成的人身伤害和财产损失。

（4）承包人应确保及时支付专业承包人和劳务分包人的工程款或报酬，及时支付临时聘用人员的工资。

（5）承包人应按照合同关于安全文明施工、职业健康和环境保护的约定负责施工场地及其周边环境与生态的保护工作。

（6）承包人应将本单位形成的工程文件立卷，并负责收集、汇总各分包单位形成的工程档案，及时向发包人移交。

（7）承包人应按监理人的指示为他人在施工现场或附近实施与工程有关的其他各项工作提供可能的条件。

（8）工程接收证书颁发前，承包人应负责照管和维护工程。

四、监理合同的管理

（一）委托人的主要权利

（1）委托人有选定工程总承包人，以及与其订立合同的权利。

（2）委托人有对工程规模、设计标准、规划设计、生产工艺设计和设计使用功能要求的认定权，以及对工程设计变更的审批权。

（3）监理人调换总监理工程师须事先经委托人同意。

（4）委托人有权要求监理人提交监理工作月报及监理业务范围内的专项报告。

（5）当委托人发现监理人员不按监理合同履行监理职责，或与承包人串通给委托人或工程造成损失的，委托人有权要求监理人更换监理人员，直到终止合同并要求监理人承担相应的赔偿责任或连带赔偿责任。

（二）委托人的主要义务

（1）委托人在监理人开展监理业务之前应向监理人支付预付款。

（2）委托人应当负责工程建设的所有外部关系的协调，为监理工作提供外部条件。

（3）委托人应当在双方约定的时间内免费向监理人提供与工程有关的为监理工作所需要的工程资料。

（4）委托人应当在专用条款约定的时间内就监理人书面提交并要求做出决定的一切事宜做出书面决定。

（5）委托人应当授权一名熟悉工程情况、能在规定时间内做出决定的常驻代表（在专用条款中约定），负责与监理人联系。更换常驻代表，需提前通知监理人。

（6）委托人应当将授予监理人的监理权利，以及监理人主要成员的职能分工、监理权限及时书面通知已选定的承包合同的承包人，并在与第三人签订的合同中予以明确。

（7）委托人应在不影响监理人开展监理工作的时间内提供如下资料：与本工程合作的原材料、构配件、机械设备等生产厂家名录；提供与本工程有关的协作单位、配合单位的名录。

（8）委托人应免费向监理人提供办公用房、通信设施、监理人员工地住房及合同专用条件约定的设施，对监理人自备的设施给予合理的经济补偿。

（9）根据情况需要，如果双方约定，由委托人免费向监理人配备其他人员应在监理合同专用条件中予以明确。

（三）监理人的权利

（1）选择工程总承包人的建议权。

（2）选择工程分包人的认可权。

（3）对工程建设有关事项包括工程规模、设计标准、规划设计、生产工艺设计和使用功能要求，向委托人的建议权。

（4）工程设计中的技术问题，按照安全和优化的原则，向设计人提出建议。

（5）审批工程施工组织设计和技术方案，按照保质量、保工期和降低成本的原则，向承包人提出建议，并向委托人提出书面报告。

（6）主持工程建设有关协作单位的组织协调，重要协调事项应当事先向委托人报告。

（7）征得委托人同意，监理人有权发布开工令、停工令、复工令，但应当事先向委托人报告。如在紧急情况下未能事先报告，则应在24小时内向委托人做出书面报告。

（8）工程上使用的材料和施工质量的检验权。对于不符合设计要求和合同约定及国家质量标准的材料、构配件、设备，有权通知承包人停止使用；对于不符合规范和质量标准的工序、分部分项工程和不安全施工作业，有权通知承包人停工整改、返工。承包人得到监理机构复工令后才能复工。

（9）工程施工进度的检查、监督权，以及工程实际竣工日期提前或超过工程施工合同规定的竣工期限的签认权。

（10）在工程施工合同约定的工程价格范围内，工程款支付的审核和签认权，以及工程结算的复核确认权与否决权。未经总监理工程师签字确认，委托人不支付工程款。

（11）监理人在委托人授权下，可对任何承包人合同规定的义务提出变更。

（12）在委托的工程范围内，委托人或承包人对对方的任何意见和要求（包括索赔要求），必须首先向监理机构提出，由监理机构研究处置意见，再同双方协商确定。

（四）监理人的义务

（1）监理人按合同约定派出监理工作需要的监理机构及监理人员，向委托人报送委派的总监理工程师及其监理机构主要成员名单、监理规划，完成监理合同专用条件中约定的监理工程范围内的监理业务。在履行合同义务期间，应按合同约定定期向委托人报告监理工作。

（2）监理人在履行本合同的义务期间，应认真、勤奋地工作，为委托人提供与其水平相适应的咨询意见，公正维护各方面的合法权益。

（3）监理人使用委托人提供的设施和物品属委托人的财产。在监理工作完成或中止时，应将其设施和剩余的物品按合同约定的时间和方式移交给委托人。

（4）在合同期内或合同终止后，未征得有关方同意，不得泄露与本工程、本合同业务有关的保密资料。

五、咨询公司的管理

（一）咨询公司提供的服务内容

咨询公司既可为建设单位提供服务，也可为施工企业提供咨询。服务的对象不同，其服务的内容自然也不相同。

1. 为建设单位咨询服务的内容

（1）投资项目的机会研究和初步可行性研究；

（2）可行性研究；

（3）提出设计要求，组织设计方案竞赛和评选；

（4）选择勘察设计单位或自行组织设计班子，制订设计进度计划并组织和监督其实施，检查设计质量；

（5）编制概（预）算，控制造价；

（6）准备招标文件，组织招标；

（7）评审投标书，提出决标意见；

（8）与中标单位商签合同；

（9）审定承包商提出的施工进度计划；

（10）监督履约，处理违约事件，协调建设单位、设计单位与承包商之间的关系；

（11）控制工程进度和造价；

（12）验收工程，签发付款凭证，结算工程款；

（13）整理全部合同文件和技术档案。

2.对于施工企业可提供的咨询服务内容

（1）选用施工机械和设备；

（2）设计施工总平面布置图，确定各种临时设施的数量和位置；

（3）确定各工种人数、机具和材料的需要量；

（4）编制施工计划；

（5）检查进度；

（6）检查和督促各个环节的配合和协调；

（7）负责质量管理；

（8）制订投标报价方案；

（9）与业主、分包商及材料供应商签订合同；

（10）处理履约期间的各种事项，尤其是索赔；

（11）负责安排各阶段验收和账款结算；

（12）控制工程成本；

（13）负责竣工决算。

（二）选择咨询公司的标准

咨询公司是以高技术、高智力提供服务，其承担的责任主要是技术责任，因此，衡量咨询公司的能力应该是技术第一。业主在选择咨询公司时应以其技术胜任能力、管理能力、资源的可用性、业务的独立性、合理的收费结构及执业的诚实作为基础。

1.对技术能力做出评价可采用的办法和步骤

（1）索取一套用于合同任务实施过程中的方法及技术处理手段的说明材料；

（2）获取该公司及其工作人员曾经承担相似项目的一览表；

（3）查明该公司以前是否在类似的地区工作过；

（4）对将从事于该项目的所有人员的经验和资历进行审查；

（5）向咨询公司以前实施过项目的业主及用户调查询问。

2. 对机构管理能力所采用的评价方法和步骤

（1）考查咨询工程师的项目成就记录；

（2）考查被提名的项目经理在以往项目中的成就；

（3）请咨询工程师说明他将如何管理该项目；

（4）证实自己能与工程师有商谈的基础，即在原则问题上是否可以协商；

（5）检查咨询公司关于转让技术的建议。

3. 对资源的可靠性可按以下方法和步骤进行评定

（1）考查被提名参加该项目工作班子的技术与管理人员的能力；

（2）要求对在项目实施过程中怎样调度人力资源，并对各参加者如何委派职责做出具体的回答；

（3）要求对被提名参加的人员在项目中的部署情况做出详细的回答；

（4）查明咨询者在项目期间承担的其他义务，并如何分布其下属；

（5）核实该咨询公司是否承担过类似规模的工程；

（6）核实该公司的声誉；

（7）核实其财力资源的可靠性；

（8）核实该咨询公司与本合同任务有关的各个部门的状况。

（三）选择咨询公司的程序

选择咨询公司应该以技术因素为首要标准，价格因素必须让位于技术因素。如果业主与咨询公司已有良好的合作基础，则不需要经过复杂的选择程序。如果业主与咨询公司未曾进行过满意的合作或双方互不了解，或者业主因为政治及经济的缘故而必须从一些咨询公司中做出选择，则应采用以下程序：

（1）拟定选择范围，包括对该服务项目的物资和人力资源要求做出估计。所要求的服务内容可归结到各个项目中。例如，要求的专业知识领域和服务类型；表明该项目服务要求的工作说明；时间计划表；地区特征因素，如地理位置、交通条件、供应组织等；委托时间；建议的合同类型；设计预算等。

（2）通过资格预审将具备接受委托资格的咨询公司按顺序排队。

（3）按经验资历、人力资源的可靠性、财力资助的可能性、完成该合同任务的能力、以往的履约情况等逐一分析，预选出3至5家候选咨询公司。

（4）分别与候选咨询公司商议合作原则性条件，要求各候选咨询公司提出建议书。

第四章　市政工程给排水工程建设管理

第一节　市政工程给排水规划设计

在城市化进程不断加快的背景下，人们对市政工程有较大需求，但许多城市在市政工程给排水规划方面存在较大问题，使城市存在严重的内涝问题。内涝是制约城市发展的一个重要因素，所以城市市政工程规划单位一定要提高给排水规划的设计水平，解决内涝问题，提高水资源利用率。

一、市政工程给排水规划的意义

市政工程给排水规划设计同城市中每个人的具体生活息息相关，给排水规划直接关系到水资源利用、城市道路排水、城市生活污水排放、工业用水排放等问题。相关单位要根据具体单位的情况规划设计不同的给排水管道，只有这样才能让城市的给排水工程更为完善。

二、市政工程给排水规划的设计原则

市政工程给排水规划需遵循如下设计原则。

（一）科学利用水资源

我国水资源短缺，因此市政工程给排水规划要遵循科学利用水资源的原则。第一，提高原有水资源利用率。对原有水资源调整利用，成本低，见效也较快。第二，大力开发水资源。当前我国水资源现状同城市快速发展需求不相适应，因此市政工程给排水规划需对水资源进行人力开发，对径流进行合理调节，实现蓄丰补枯，只有这样才能让水资源尽可能得到合理利用。第三，加强水资源管理保护。市政工程给排水规划在设计时需要加强对水资源的保护，避免可用水资源被浪费。

（二）近远期结合设计给水系统

城市中每天供水量变化大，高峰期供水量大幅增加，所以给水系统设计需坚持近远期结合的原则，为未来规模化发展预留一定空间，如预留出给水管位，预留出足够管径余量等，这样可避免未来的重复投资。

（三）合理设计污水系统

在设计城市污水系统时，雨水排涝需采取截流制，下水道需采取合流制，污水厂尾水需遵循水资源循环利用原则，只有这样才能实现合理分流，才能让污水得到再利用，才能让城市水生态系统不断修复。

三、加强市政工程给排水规划设计的措施

按照上述设计原则，市政工程给排水规划设计应参照下列措施进行。

（一）给水系统设计

给排水系统规划设计需考虑水系统面临的两个现实问题（水资源短缺及水系统运行稳定性），确保设计的给水系统能够让城市的水资源得到更加高效的利用。具体设计中应注意如下问题：

（1）充分利用计算机信息技术对给水系统进行分析，尤其是对供水渠道做好三维空间模拟分析，这样供水渠道的运行才更加可视化，才能确保

水资源的有效利用，避免浪费。

（2）注重收集自然降水，让收集到的雨水、雪水得到再利用，确保城市供水充足。

（3）如果给水系统自身对水资源的损耗较多，则需及时进行调整，以免造成水资源的浪费。

（二）雨水系统设计

当前城市道路工程内涝问题比较严重，因此给排水规划设计需正视这个问题，合理设计雨水系统，避免内涝的发生。具体设计时应注意下列问题：

（1）结合给排水工程需要服务的具体区域情况，根据区域内气候、地理位置等具体因素，对雨水系统进行科学设计。

（2）雨水系统规划设计中排水管道质量必须可靠，只有管道质量可靠才能确保不会出现拥堵、渗漏等问题，才能让城市排水系统发挥良好的排洪、排涝效果。

（3）雨水系统规划设计还要考虑到整个城市的具体运行情况，做好对排水系统细节问题的处理，这样才能使城市具有较强的排水能力。

（三）污水系统设计

水资源稀缺已经成为一个世界性的问题，要解决这个问题，我们在做到合理利用水资源的同时，也要做好对污水的优化处理，优化给排水系统服务的功能，增强污水处理效果，让污水得到循环利用。具体做法如下：结合所处城市的具体建设情况，将分流制、合流制两种设计原则结合使用，实现对各类污水的有效处理；用科学发展理念合理规划各类污水去向，让污水得到回收再利用。比如说，当前新规划城区多采取分流制设计，雨水管线和污水管线完全分离，这样不仅减小了污水厂的污水处理压力，也能更好地对雨水进行收集再利用。这样，城市生态环境的质量能够大大提高，城市水质也得到了明显改善。

尽管市政给排水系统常年深埋地下，但是它对城市发展的巨大作用却是不容忽视的。一个城市要快速发展必须重视水资源问题，并基于保护水资源的角度对给排水系统进行科学规划设计，只有做好给排水系统的设计工作，有效利用水资源，让水资源循环再利用，才能让城市生态环境更加美好，实现城市的快速发展。

第二节　市政给排水施工技术

城市市政工程建设水平直接影响城市正常运转。在我国部分城市中，市政给排水工程建设质量不良。在夏季暴雨时节，由于部分城市市政排水系统设计落后，排水能力有限，路面出现大面积的积水，给城市居民日常出行带来了严重的影响。并且在实际施工过程中，由于没有把握施工技术要点，施工区域地下管线受到损坏，周边建筑物出现不均匀沉降。这一现状也在表明我国城市市政给排水工程施工建设中存在着许多需要解决的问题，城市市政给排水施工技术应用效果不佳。因此，研究城市市政给排水施工技术要点和难点有利于提升我国城市市政给排水工程施工整体水平。

一、市政工程给排水施工前期技术要点

（一）市政道路施工要点分析

城市市政给排水工程属于地下工程，施工环境较为复杂，受到外界温度环境、城市交通等多方面因素的影响。市政道路施工建设需要对市政道路进行开挖，而市政道路路面开挖工作是一项非常复杂的工作。如果在开挖的过程中施工质量不佳，将会导致公共交通受限、道路下部管线受到损坏，给施工活动带来一定的危险。所以，市政道路路面开挖施工活动需要

严格地按照施工方案开展，以减少对市政路面的影响。市政道路路面开挖完成之后需要进行路面回填。路面回填工作需要依据工程实际情况而定，除了要保证回填质量之外，还要确保回填土的压实系数，以提升回填后路面的稳定性。因此，在市政道路施工之前，应提前对施工区域周边环境进行勘察，全面且细致地了解施工环境特点，然后再进行施工方案的制订。

（二）道路两侧建筑物防护要点分析

城市市政给排水工程施工建设不仅会对市政道路路面产生影响，还会对施工区域周边的建筑物产生一定的影响。原因在于在路面开挖的过程中机械设备的震动会引发周边建筑物地基土的振动，一些既有建筑物由于建设年限较长，地基土的承载力出现了一定的变化，容易导致整个建筑发生不均匀沉降。所以在进行市政道路路面开挖之前，应提前对道路两侧的建筑物进行防护，对建筑物的地基情况进行勘察。如果发现施工活动容易对建筑物的稳定性产生不利影响，应更改施工方案来避开建筑物。另外，如果施工过程中遇到软土地基，应采用地基加固技术对这一地段的地基进行有效的加固。

（三）施工材料质量控制要点分析

城市市政给排水工程整体质量受施工材料质量影响较大。提升施工材料的质量可以提升市政给排水工程的施工质量，可以切实保障人民群众的生命安全。为此，需要在施工之前对施工材料的质量进行严格的审查。在采购工程施工材料之前，应对建材市场进行全面的调查，然后选择供货能力强、市场信誉度好、具备相关资质的材料供应商，并且还要要求该单位出具材料出厂合格证明。材料进场之前，应进行随机抽样质检，质检不合格的材料不能使用。在材料保存与管理方面，应委派专业人员进行材料的管理，可以在工作制度中明确目标责任制度，将材料保管工作责任落实到个人，由此来提升工作人员的工作积极性，并确保材料在使用之前不会出现质量降低的情况。

二、市政工程给排水管道安装技术要点

（一）管道沟槽开挖及支护要点分析

在城市市政给排水管道安装之前，需要进行管道沟槽的开挖及支护工作。在管道沟槽开挖的过程中，施工队伍一般采用人机结合的方式，先用机械设备开挖土体，在距离标定开挖标高 50 厘米处采用人工开挖的方式。在管道沟槽开挖的过程中，应时刻注意沟槽周边土体是否出现塌方。为此，技术人员需要先对开挖土质进行检测，确定土壤的力学性质，然后选择合理的支护方式进行基坑支护。如果沟槽开挖较深，为了保障施工人员生命安全，需要进行打密支撑来提升支护的稳定性。另外还要注意，在沟槽开挖的过程中，应防止对地下管线产生破坏。

（二）管道下管技术要点分析

施工管理人员在市政管道下管工作开展之前应做好对沟槽积水、杂物的清理工作。清理管道完毕之后，需要采用从上而下的方式进行排管，确保每一个管道的连接更加自然顺畅，确保水流在管道内部的流通。管理人员还要对管道之间的衔接处理质量进行把控，防止管道连接处出现漏水问题。在铺设管道的过程中，应注意严格按照施工图纸的具体要求进行施工作业，把握施工要点。在完成市政给排水管道下管工作之后，立即进行覆土填充，回填土不得含有生活垃圾、腐蚀性物质等。在对管道覆土进行压实时，应注意严格按照施工标准进行。如果覆土深度小于 50 厘米，则使用人工压实的方式，超过 50 厘米应依据覆土深度选择合适的压实机械。

（三）管道基础施工与管道防腐要点分析

管道基础施工质量与管道防腐质量对市政给排水工程整体施工质量有着极为重大的影响，两者是决定市政给排水工程施工建设活动是否安全的决定因素。在进行管道基础施工的过程中，将混凝土摊铺到基础部位可以

提升管道基础施工的安全性，防止地下水侵蚀施工环境。在对管道进行防腐处理时，首先应选择具备一定抗腐蚀性能的管材，如球墨铸铁管或焊接钢管等。在进行防腐处理时，可以在焊接钢管的内壁焊接结束并冷却之后涂抹水泥砂浆，在管道的外壁涂抹玻璃纤维等防腐蚀材料。

（四）竣工验收阶段施工技术要点分析

在城市市政给排水工程竣工验收阶段，最重要的就是进行闭水检查工作。闭水检查工作的主要目的是检测给排水管道焊接处是否漏水、管道内部是否存在堵塞情况、管道中间是否需要加强或加固等。给排水管闭水检查工作应使用由上而下的方式，在对管道上游部分检查完毕之后再将水倒入管道下游进行闭水检查。这样不仅可以节约水资源，还可以降低检查工作强度。闭水检查应采取分区段检查的方式，将管道分为几个检查区域，对每一个检查区域内的井段同时注水，注水时间控制在30分钟以上，检测人员查看所管区域是否存在漏水或堵塞问题。如果发现任何问题，应立即解决，尽快消除安全隐患。

随着城市的不断发展，城市生活用水和排水工作强度逐渐增大，市政给排水工程施工质量将直接影响城市正常运转，直接影响人民群众的生活质量。在进行城市市政给排水工程施工过程中，施工单位应重视给排水工程施工质量的把控，在施工现场全面分析施工活动对城市交通及周边建筑物的影响，然后积极探讨施工技术要点。

第三节　市政给排水工程施工管理

一、市政给排水工程施工管理的必要性

在整个市政工程建设中，给排水工程建设是非常重要的一部分，给排

水工程不仅影响着城市日常生产及居民的日常生活，还直接关系到城市经济发展。一个高质量的给排水系统，能够为城市的经济发展提供很大的帮助，且会使城市居民的生活水平得到进一步提高。在进行市政给排水工程建设的时候，施工质量是非常重要的，其直接影响着市政给排水系统的运转情况。为了确保市政给排水系统在实际运转的时候能够保持良好的运行状态，必须加强对市政给排水工程施工的管理。

二、当前市政给排水工程施工管理中的缺陷

（一）给排水工程现场管理不足

在进行给排水工程施工的时候，一些施工企业没有对施工现场进行实时的监督与管理，而出现这一问题的主要原因就在于，很多施工企业没有形成一个完善的监督管理体系，在实际施工的时候，很容易出现施工环节混乱的现象，这就给工程施工带来了极大的质量隐患。此外，很多施工企业在进行给排水工程现场施工管理的时候，还存在着调度不足的情况，而出现调度不足的主要原因就是施工企业的规模太小、建设资金比较缺乏、给排水施工技术比较落后、施工现场管理系统不够完善，这就大大增加了市政给排水工程施工管理的难度，很容易出现施工质量问题。

（二）管理意识薄弱

相较于其他工程项目来说，市政给排水工程的复杂性比较高，建设所需的资金比较多，且建设资金一般都是由地方政府或者国家调拨的。因此，很多施工企业为了取得更高的经济效益，就没有做好工程施工管理，管理意识非常薄弱。管理意识薄弱主要体现在：在实际施工过程中采用质量不达标的施工材料，并且为了节省施工材料，擅自对先前的管道方案进行变更，以偷工减料的方式谋取利益；施工企业自身规模比较小，面对大型的给排水工程有着明显的能力不足问题，因此很可能出现违规分包以及转包

问题，使给排水工程施工质量得不到有效的保障。以上问题的出现，必然会直接影响市政给排水工程的施工质量，且会大大增加施工管理难度。

（三）给排水工程施工单位技术不过关

如今，随着我国建筑行业发展速度的不断加快，城市给排水工程的发展速度也在逐渐提升，工程建设模式也从传统的多分包单位转变成了当下的总包单位，那些还处于起步阶段的企业一般都没有较高的施工技术水平，因此在进行分包控制的时候，很容易出现施工质量问题。

三、加强市政给排水工程施工管理的措施

（一）重视安全管理工作

所有的工程在施工建设阶段都离不开安全保障体系的支持。因此，在进行市政给排水工程施工的时候，施工企业必须加强对施工安全管理的重视，应当对全体施工人员进行定期的安全培训与教育，并对他们进行考核，使他们的施工安全意识得到有效提高。此外，还应当根据工程实际情况，制定完善的安全管理制度，制度中应要求施工人员定期检查设备仪器，对危化品进行隔离存储，远离办公和生活区域，对危险性较大的施工作业进行专项施工组织设计，并请专家对施工方案进行评估，同时做好应急预案。对存在的一些安全问题进行分析，并及时予以改正，防止因施工人员操作失误而导致安全事故的发生。始终坚持安全第一的基本原则，确保市政工程给排水工程施工质量及施工效率。

（二）施工质量管理

在实际施工的时候，应当采取"一停二检"的施工质量管理方式，"一停"指的就是施工到每一个质量点的时候，都应当停止施工。"二检"指的就是由施工企业质量检验部门以及承包单位质量检验部门对施工质量进行检验，检验合格之后，才能进入下一施工环节。

承包单位应当对施工质量保证体系的运行情况进行实时的监督，确保施工质量保证体系能够充分发挥自身作用。

在实际施工之前，应当对施工过程中的重点、难点进行标注，并采取相应的保护措施，防止出现施工质量问题。

（三）提高相应的排水工程管理技术

在进行技术人员选择的时候，必须选择专业化水平较高、综合能力较高的专业技术人员，且要求其具备丰富的实践经验，确保其能够满足市政给排水工程的施工需求。因为给排水工程的施工难度比较大，专业技术的种类比较多，所以在对给排水工程进行施工管理的时候，必须重视施工技术的管理。应当要求相关技术人员不断学习新技术、新方法，并引进最先进的机械设备，加大工程资金投入力度，防止工程技术方面出现问题。

（四）做好施工现场管理工作

在整个市政给排水工程施工管理中，现场施工管理是至关重要的一部分，只有做好现场施工管理，才能使现场施工过程变得更加有序，以防止施工混乱现象的发生，为工程施工质量及施工效率提供有效的保障。在进行现场施工管理的时候，管理人员必须对工程施工现场有一个充分的了解，根据工程现场的实际情况做出合理的管理部署。在实际管理过程中，如果发现施工质量问题，应当及时制订切实有效的解决方案，确保问题能够得到及时的解决，为工程施工质量提供有效的保障。

当下，随着我国经济发展速度的不断提高，城市化建设也在逐步推进，而给排水工程在城市中的重要性也越来越突出，人们给给排水工程提出了更高的要求。施工单位在对市政给排水工程进行施工的时候，必须加强施工现场管理，确保工程的施工质量，使市政给排水工程整体质量得到有效保障，进一步促进城市经济的健康稳定发展。

第五章　市政道路工程建设施工管理

第一节　市政道路路基工程施工管理概述

一、市政道路路基工程施工的特点

（一）对路基施工的要求较高

在市政道路建设的过程当中，路基的质量是整个道路的重中之重，它决定了整条道路的质量。因此，在施工的过程中，对路基施工的要求往往比较高。如果在实际的施工当中，对路基的施工不够重视，就很容易导致许多道路方面的问题，从而影响整条道路的建设和质量，还会延误工期，对企业的声誉造成不良的影响。

（二）对施工的技术统筹规划

市政道路的施工一般会涉及许多方面的工作，而且会涉及多方面的利益，所以在进行道路施工的时候要进行统筹规划，一定要避免外界因素影响整条道路的建设，同时还要对影响道路工程建设的因素进行规划。在施工之前，需要对路基的施工方案进行统一的规划，以此来提高整个工程的质量。在进行路基施工的过程中，需要根据实际情况对路基的施工方案进行适时调整，这样就可以与不断变化的外界因素相协调，从而提高市政道路工程的施工质量。

（三）对施工人员的技术要求较高

路基工程施工对施工人员的技术要求和专业素质要求比较高，如果在施工的过程中施工人员的技术不达标，就会降低路基工程的质量。

二、市政道路路基工程施工的要点

（一）路基的施工测量

施工测量是施工之前的准备工作，主要是指对周围的地形建筑物进行标注和测量。

施工测量是一个比较复杂的过程，但是可以保证工程更加有序地进行，同时还能使施工更加精确，所以其在施工建设过程中具有十分重要的作用。在进行建筑施工测量的过程中，首先要对施工现场进行勘测，然后根据数据对现场进行图纸定位，还要对现场的高程进行测定，同时还要进行标注，这样就可以为建筑工程施工提供准确的依据。在进行勘测的时候，一定要严格要求勘测人员，使他们能够意识到勘测准确的重要性，而且还要使他们熟练勘测的业务，来增加他们的作业能力。如果在施工之前勘测不合格，就会对路基工程施工造成很大的影响，严重的还会延误工期。如果工程测量的数据不够准确，会严重影响工程的质量，还会增大资金的投入，给企业带来很大的影响，所以一定要重视施工之前的勘测工作。

（二）路基的防护施工

一般路基的填方高度需要小于 4 米，而且坡面需要植草皮进行保护；如果填方高度在 4 至 8 米，坡面需要采用三维网状植皮进行保护。尤其是在过鱼塘段，坡面一般采用特殊的方式进行保护。

（三）路基的填筑施工

在进行路基施工的过程中，一定要注意路基填筑工作，一定要保证路基的均匀度，然后要结合当地的实际情况进行施工，以保证填筑的有效性。在进行设计的时候，一定要保证填筑的宽度大于设计宽度，再结合实际的经验，使用压路机对路面进行碾压，同时还要保证碾压的均匀度。

（四）路基的压实施工

在道路进行压实时，所要采取的原则是：先中间后两边、先轻后重、先慢后快，这样可以保证路面的平整性，还能保证路面的强度，进而保证路面施工的有效性。在对工程进行平整处理的时候，首先要使路面两侧和中间具有一定的夹角，夹角一般在3°左右，然后再对路面压实，这样就可以增加路面的压实度。在路基施工中，对于一些比较特殊的部位，需要严格按照操作步骤进行碾压，保证规范的压实度，同时达到设计要求的标准。

三、加强市政道路路基施工质量控制的关键技术

（一）提高道路地表处理技术

提高道路地表处理技术有助于加强市政道路路基的施工质量控制。应逐渐加强对路基基底的处理，保证基底的平整性，增加道路路基的宽度，增强道路路基的承载力。为了提高道路地表处理技术，应对路基进行原地面复测，清除道路地面的杂物，拆除空闲砌体，对不良土基进行填筑前碾压。在处理不良路基的过程中，应制订合理的施工方案，依据土质状况，对处理方法进行科学的选择，并增强路基施工关键部分质量的检测工作。例如，在进行人行道的地表处理工作时，应运用淤泥换填技术进行处理，在填方高度大于40米的短路处理过程中，应将表层的杂填土全部清除，路床下填方高度大于40米路段清除土层后，应用6%石灰改良土填筑至路床顶面。

（二）保证路基的填充材料质量控制

加强市政道路路基的施工质量控制，应保证路基填充材料的质量控制。

道路路基通常需要暴露于户外环境中，并不断经受恶劣气候环境影响，且要遭受汽车碾压。所以，应不断提升路基填充材料的质量，有效延长市政道路路基的使用寿命，提高路基的强度，增加道路的承载力。在选择路基的填充材料时，应注意路基填料的类型与样式，考虑道路路基沉降程度、填料来源、施工团队的技术能力、地理环境以及施工条件等因素，并选择经济、合理、适用的填料。例如，选用渗水性较强的路基填料，其多适用于沙砾丰富的路基。在施工过程中，应对现场的路基进行强度测试和稳定性测试，保证路基具备良好的安全性。利用施工弃渣作为路基填料，能够节约成本，实现环保节能的目标。

（三）引进填筑压实的关键技术

在建设市政道路路基的过程中，为提高施工质量，应引进填筑压实的关键技术。填筑压实技术属于路基建设的主体施工技术，对城市道路的整体建设具有重要影响。应严格控制施工的步骤，对路基填筑压实的影响因素进行有效控制。

（四）提升绿化带边缘防护水平

为了对路基建设施工质量进行有效控制，应提升绿化带边缘防护水平，增加道路路基的稳定性，确保道路路基的施工质量达到规定标准。城市道路路基的绿化带边缘容易出现凹陷现象，在选择防护方案时，需对防护材料进行充分考虑。目前，国内城市道路路基绿化带防护的主要方式为植物防护，其属于最佳的生态环保路基绿化带边缘防护方式，此种方法不仅价格低廉，而且还能对环境进行美化。在提升绿化带边缘防护水平的过程中，应选择根系较为发达且耐旱的植物，在种植初期，对其覆盖保护层，防止幼苗遭受风雨的危害，3 至 5 月为最佳施工时间。

四、市政道路路基施工的质量控制

(一) 严格控制路基施工材料的质量

在进行路基施工时，路基施工材料的质量将会严重影响路基施工的质量，所以一定要严格控制路基施工材料的质量，这对于市政道路路基施工来说具有十分重要的意义，只有提高路基施工材料的质量，才能为后续的施工打下基础。在对路基施工材料进行控制时，一定要对路基材料进行严格筛选，至于那些没有达到规范要求的填料，一定要及时进行清除，防止其影响路基的质量，确保路基施工有序进行。

(一) 市政道路路基排水的质量控制

在路基施工的过程中，路基排水是十分重要的，水是影响路基稳定性的主要因素之一，所以一定要注重路基排水的工作。路基排水工程建设需要与城市内其他排水工程建设统筹进行，这样既可以使路基工程顺利排水，还可以减小投入的成本。在路基排水工程建设的过程中，要做好以下几点：如果在路基施工段出现了大面积的积水，需要采用开挖排水沟的方式进行排水，也可以设置排水沟和急流槽来进行排水；对于非渗水的区域，需要采用透水性比较好的材料进行排水，这样就不会导致大面积的积水，从而保证施工的质量。

(三) 市政道路路基边坡的质量控制

在对市政道路路基进行建设时，一定要充分考虑路基的边坡情况，将路基的边坡稳定性作为整个道路工程建设的重中之重，要针对当地的实际情况，对路基边坡进行详细的处理。对于地质条件比较复杂的地区，需要对边坡进行特定的设计，可以使用锚杆框架对边坡进行加固，来增加边坡的稳定性。对于填石路基边坡施工来说，边坡所使用的石料会直接影响边坡的稳定度，强度小的石料会在荷载作用下或者外界环境条件的影响下发生风化的现象，从而影响边坡稳定性，造成边坡局部失稳。对于路堑边坡来说，需要采用植草皮的方式进行边坡保护，对于那些稳定性较差的高陡边坡来说，首先需要用锚杆进行加固，然后在表面种植草皮进行保护。

第二节　挖方路基施工技术

1. 土方开挖

路堑的开挖施工应根据放样桩和分界线、坡度及高程自上而下分层开挖，并将挖掘出来的土石按施工计划尽可能运至填土段或指定的地点堆放，做到边挖边填、边压实。确需弃土时，弃土堆应置于路堤坡脚或路堑两端，弃土堆边坡坡度不应陡于1：1.5。

不得乱挖、超挖，严禁掏洞取土。当路堑挖至接近设计边坡时，宜采用人工修整；接近路床设计高程时，应根据土质情况预留一定厚度的土层做保护、调平、碾压路床之用，并保持一定的排水坡度，雨季预留厚度宜为20至50厘米，冬季视当地冻土深度确定。

施工期间应保证截水沟及临时排水设施的排水通畅。路堑组织施工的方法，应根据其深度及纵向长度，采用横挖法、纵挖法及纵横混合法组织施工。

（1）横挖法。横挖法按横断面全宽沿道路纵向开挖，此法适用于短而深的路堑。掘进时逐段成形向前推进，运土由相反方向送出，此方法可以获得较高的挖掘深度，但工作面较窄。当路堑过深时，可分成台阶同时掘进，以增加工作面，加快施工进度。每一台阶应有单独的运土出路和排水沟渠，以免相互干扰，影响功效，造成事故。人工开挖台阶高度宜为1.5至2米，机械开挖台阶高度宜为3至4米。各层台阶应有独立的运土通道，人工运土通道宽度不宜小于2米，机械运土单车通道不应小于4米，双车通道宽度不宜小于8米。

（2）纵挖法。沿路堑纵向将高度分成不大的层次依次开挖，称为纵挖法。纵挖法适用于较长的路堑。

当路堑的宽度和深度都不大，可以按横断面全宽纵向逐层挖掘，称为分层纵挖法。挖掘的地表应向外倾斜，以利排水。此方法适用于铲运机和推土机施工。

当路堑的长宽和深度比较大时，可先在路堑纵向挖一条通道，然后向两侧开挖，称为通道纵挖法。通道作为机械通行或出口路线。

如果路堑很长，可在适当位置选择一个（或几个）地方，将路堑的一侧横向挖成马口，把长路堑分成几段，各段再采用纵向开挖，称为分段纵挖法。此法适用于一侧堑壁不厚不深的傍山长路堑。

（3）纵横混合法。纵横混合法是将横挖法、通道纵挖法混合使用的方法，先由路堑纵向挖出一条通道，以增加开挖坡面，但要注意每一开挖面应能容纳一个作业组或一台机械组合。纵横混合法适用于路堑深、土方量大、进度要求快的工程。施工前应用统筹法合理安排、统一调度、有序施工。严禁人机混合作业。

土方工程开挖施工应符合下列规定：

1）可作为路基填料的土方，应分类开挖分类使用，非适用材料应按设计要求或作为弃方按规定处理。

2）土方开挖应自上而下进行，不得乱挖超挖，严禁掏底开挖。

3）在开挖过程中，应采取措施保证边坡稳定。开挖至边坡线前，应预留一定宽度，预留的宽度应保证刷坡过程中设计边坡线外的土层不受到扰动。

4）路基开挖中，基于实际情况，如需修改设计边坡坡度、截水沟和边沟的位置及尺寸时，应及时按规定报批。边坡上稳定的孤石应保留。

5）开挖至零填、路堑路床部分后，应尽快进行路床施工。如不能及时进行，宜在设计路床顶标高以上预留至少 300 毫米厚的保护层。

6）应采取临时排水措施，确保施工作业面不积水。

7）挖方路基路床顶面终止标高，应考虑因压实而产生的下沉量，其值通过试验确定。

2.岩石开挖

按开挖难易程度，比较坚硬的路基土俗称岩石。岩石开挖方法有爆破法、松土法或破碎法。开挖前应根据工程地质勘探资料，按照路基土的类别、风化程度、节理发育程度等来确定开挖方式及开挖工具。对软石和强风化岩石能用机械直接开挖的应采用机械开挖；石方量小，工期允许时，也可采用人工开挖。凡不能使用机械或人工直接开挖的岩石，应采用爆破法开挖。石方工程开挖施工应符合下列规定。

（1）石方开挖应根据岩石的类别、风化程度、岩层产状、岩体断裂构造、施工环境等因素确定开挖方案。

（2）深挖路基施工，应逐级开挖，逐级按设计要求进行防护。

（3）爆破作业必须符合《爆破安全规程》（GB6722—2014）。爆破施工组织设计应按相关规定报批。

（4）石方开挖近边坡部分宜采用光面爆破或预裂爆破。

（5）爆破法开挖石方，应先查明空中缆线、地下管线的位置、开挖边界线外可能受爆破影响的建筑物结构类型、居民居住情况等，然后制订详细的爆破技术安全方案。

（6）爆破开挖石方宜按以下程序进行：爆破影响调查与评估→爆破施工组织设计→培训考核、技术交底→主管部门批准→清理爆破区施工现场的危石等→炮孔钻孔作业→爆破器材检查测试→炮孔检查合格→装炸药及安装引爆器材→布设安全警戒岗→堵塞炮孔→撤离施爆警戒区和飞石、震动影响区的人、畜等→爆破作业信号发布及作业→清除盲区→解除警戒→测定、检查爆破效果（包括飞石、地震波及对施爆区内构造物的损伤、损失等）。

（7）边坡整修及检验

1）挖方边坡应从开挖面往下分段整修，每下挖 2 至 3 米，宜对新开挖边坡刷坡，同时清除危石及松动石块；

2）石质边坡不宜超挖；

3）石质边坡质量要求：边坡上无松石、危石。

（8）路床清理及验收

1）欠挖部分必须凿除。超挖部分应采用无机结合料稳定碎石或级配碎石填平碾压密实，严禁用细粒土找平。

2）石质路床底面有地下水时，可设置渗沟进行排导，渗沟宽度不宜小于 100 毫米，横坡坡度不宜小于 0.6%。渗沟应用坚硬碎石回填。

3）石质路床的边沟应与路床同步施工。

第三节　特殊路基施工

特殊路基，一般是指修建在不良地质情况、特殊地形情况、某些特殊气候因素等不利条件下的道路路基。特殊路基有可能因自然平衡条件被打破（或者边坡过陡，或者地质承载力过低）而出现各种各样的问题，因此，除按一般路基标准、要求进行设计施工外，还要针对特殊问题进行研究，采取相应的处理措施。

特殊路基根据土质、地质、地形、气候因素可分为以下类型：

①湿黏土路基、软土地区路基、红黏土地区路基、膨胀土地区路基、黄土地区路基、盐渍土地区路基、风积沙及沙漠地区路基。

②季节性冻土地区路基、多年冻土地区路基、涎流冰地区路基、雪害地区路基。

③滑坡地段路基、崩塌与岩堆地段路基、泥石流地区路基。

④岩溶地区路基、采空区路基。

⑤沿河（沿溪）地区路基、水库地区路基、滨海地区路基。

特殊路基施工应根据其特点和具体情况以及必要的基础试验资料，进行经济、技术综合考虑，因地制宜地制订施工方案，编制专项施工组织设计，批准后实施。

特殊地区路基一般要注意以下四个环节：第一，对地质资料、土工试验的详细检查，对设计图和实践经验的调查研究。第二，室内试验和现场试验，特别是对重要工程。第三，精细施工并注意现场的监测和数据的搜集。第四，反复分析，验证设计，监测工程安全。

一、软土地区路基施工

（一）软土地基的工程特性

淤泥、淤泥质土及天然强度低、压缩性高、透水性小的一般黏土统称为软土。对于高速公路，标准贯击次数小于 4、无侧限抗压强度小于 50 千帕且含水量大于 50% 的黏土，或标准贯击次数小于 4 且含水量大于 30% 的砂性土也统称软土。大部分软土的天然含水量介于 30% 至 70% 之间，孔隙比为 1 至 19，渗透系数为 10-8 至 10-7 厘米 / 秒，压缩性系数为 0.005 至 0.02，抗剪强度低（快剪黏聚力在 10 千帕左右，快剪内摩擦角 0° 至 5°），具有触变性和显著的流变性。

（二）软土地基的处置方法

软土地区的路基问题主要是路堤填筑荷载引起软土地基滑动破坏稳定的问题和长时间大沉降的问题。软土地基处治前，应复核处治方案的可行性，编制实施性施工组织设计。处治材料的选用及处治方案，宜因地制宜、就地取材。

软基处置方法很多，不同的处置方法具有不同的适用范围和使用效果，但主要目的都是增强地基的稳定性和加速地基沉降或减小地基总沉降量。

（三）铺砂（砾）垫层法

铺砂（砾）垫层法是在软土层顶面铺砂（砾）垫层，主要起浅层水平排水作用。

铺砂（砾）垫层法适用于路堤高度小于 2 倍极限高度（在天然软土地基上，基底不做特殊加固处理而用快速施工法填筑路堤的最大高度）的软土层、较薄硬壳层、表面渗透性很低的硬壳或软土层稍厚但具有双面排水条件的地基情况。该法施工简便，不需特殊机具设备，占地较少。但需放慢填筑速度，控制加荷速率，以便地基进行充分排水固结。因此，铺砂（砾）垫层法适用于工期不紧迫、砂（砾）料充足、运距不远的施工环境。

铺砂（砾）垫层法施工要求：

①垫层材料宜采用无杂物的中、粗砂，含泥量应小于 5%（当与排水固结法综合处治软基时，其含泥量不大于 3%）；也可采用天然级配沙砾料，其最大粒径应小于 50 毫米。砾石强度不低于四级（洛杉矶法磨耗率小于 60%）。

②垫层宜分层摊铺压实，碾压到规定的压实度。碾压时最佳含水量一般控制在 8% 至 12%，摊铺厚度为 250 至 350 毫米，压实机具宜采用自重为 60 至 80 千牛的压路机。

③垫层采用沙砾料时，应避免粒料离析。

④垫层宽度应宽出路基边脚 500 至 1000 毫米，两侧宜用片石护砌或采用其他方式防护。

（四）换填法

换填法一般适用于地表下 0.5 至 3 米范围的软土处治。根据施工的不同，常用换填法又分开挖换填法、抛石挤淤法、爆破排淤法三种。

1.开挖换填法

开挖换填法就是将软弱地基层全部或部分挖除，再用沙砾、碎石、钢渣等透水性较好的材料回填的一种软基处治法。该法用于泥沼（一种以泥炭沉积为主，并包含着各种水草、淤泥和水的土层）及软土厚度小于2.0米的非饱和黏性土的软弱表层，也可添加适量石灰、水泥进行改良处治。一般不用于处治深层软基、沉降控制严格的路基、桥涵构筑物、引道等情况。

（1）开挖

软基开挖要注意渗水及雨水问题，可边挖边填或全部、局部挖除后回填。

开挖深度小于2米时，可用推土机、挖掘机或人工直接清除软土至路基范围以外堆放或运至取土坑还填；开挖深度不小于2米时，要从两端向中央分层挖除，并修筑临时运输便道，由汽车运出。

路基坡脚宽度范围内的软土应全部清除，边部挖成台阶状；坡脚（含护坡道）范围外，对于小滑塌软土，可挖成1:1至1:2的坡度；对于高压缩性淤泥质软土，可将护坡道加宽加高至不小于原软土地面。

（2）回填及压实

回填料应选用水稳性或透水性好的材料。回填应分层填筑、压实。

用碎石土或粉煤灰等工业废渣回填时，常采用振动压路机和重型静力压路机（12至15吨的三轮压路机）压实。为达到较好压实效果，非土方填料分层填筑厚度不宜过小。在当地条件许可时，可用这些填料填至原地面。

2.抛石挤淤法

抛石挤淤法是向路基底部抛投片石，将淤泥挤出基底范围，以提高地基强度的一种软基处置方法。抛石挤淤法一般用于当泥沼及软土厚度小于3.0米，且其软土层位于水下，更换土施工困难或基底直接落在含水量极高的淤泥上，呈流动状态的情况。一般认为，抛石挤淤法是经济、适用的。在常年积水、排水困难的洼地，泥炭呈流动状态、厚度较薄、表层无硬壳、片石能沉到底部的泥沼和特别软弱的地面，施工机械无法进入，对于这种石料丰富、运距较短的情况，抛石挤淤法较为适用。当淤泥较厚、较稠时须慎重选用本法。

抛石挤淤法施工要求：

①应选用不易风化的片石，片石厚度或直径不宜小于300毫米。片石大小应根据泥炭或软土稠度而定。

②软土地层平坦、软土成流动状时，抛投填筑应沿路基中线向前成三角形方式投放片石，再渐次向两侧全宽范围扩展，以使淤泥挤向两侧。当软土地层横坡陡于1：10时，应自高侧向低侧填筑，并在低侧坡脚外一定宽度内同时抛填形成片石平台。

③片石抛填出软土面后，宜用重型压路机反复碾压，再用较小石块填塞垫平，并碾压密实。

3.爆破排淤法

爆破排淤法是将炸药放在软土或泥沼中引爆，利用爆炸张力把淤泥或泥沼排除，再回填强度高、渗透性好的沙砾、碎石等填料的一种软基处理方法。它用于淤泥层较厚、稠度较大、路堤较高、工期紧迫、不影响周围其他构筑物的情况。

爆破排淤法根据施工顺序分为两种，一种是先填后爆，即先在原地面上填筑低于极限高度的路堤，再在基底下爆破，适用于稠度较大的软土或泥沼；另一种是先爆后填，适用于稠度较小、回淤较慢的软土。

（五）土工合成材料处治法

土工合成材料处治法，即利用土工合成材料（如土工布、土工格栅等）增强软基承载能力的一种软基处置方法。

1.土工合成材料施工规定

①土工合成材料技术、质量指标应满足设计要求。土工合成材料在存放以及铺设过程中应避免长时间暴晒或暴露。与土工合成材料直接接触的

填料中严禁含强酸性、强碱性物质。

②下承层应平整，摊铺时应拉直、平顺，紧贴下承层，不得扭曲、折皱。在斜坡上摊铺时，应保持一定松紧度。

③铺设土工合成材料，应在路堤每边各留一定长度，回折覆裹在已压实的填筑层面上，折回外露部分应用土覆盖。

④土工合成材料的连接，采用搭接时，搭接长度宜为 300 至 600 毫米；采用缝接时，为保证土工聚合物的整体性，可用尼龙线或涤纶线缝接，方法有对面缝和折叠缝两种。一般多采用对面缝，缝接处强度可达到纤维强度的 80%，基本能满足要求。如果用折叠缝，应用双道缝合线，可取得更高的强度。施工时最好采用移动式缝合机，避免漏缝及断线等。缝接宽度应不小于 50 毫米，缝接强度应不低于土工合成材料的抗拉强度；采用黏结时，黏合宽度应不小于 50 毫米，黏合强度应不低于土工合成材料的抗拉强度。

⑤施工中应采取措施防止土工合成材料受损，出现破损时应及时修补或更换。

⑥双层土工合成材料上、下层接缝应错开，错开间距应大于 500 毫米。

2. 铺设土工布

将土工布铺设于路基底部，在填筑路基自重作用下受拉产生抗滑力矩，从而提高路基的稳定性。土工布在软基中主要起排水、隔离、分散应力和加筋补强作用。

土工布的铺设分单层和多层，当铺设两层以上时，层与层之间要夹填 10 至 20 厘米厚砂或沙砾层，以提高基底透水性。

3. 土工格栅

土工格栅是通过格栅表面与土的摩擦作用、格栅孔眼对土的锁定作用、格栅肋的被动抗阻作用约束土颗粒的侧移，从而提高路基的承载力及稳定性。土工格栅的加固效果明显，施工速度快，能大大缩短工期。

4. 土工格室

土工格室是由强化的 HDPE 片材料，经高强力焊接而形成的一种三维网状格室结构。在集中载荷作用下，受力的主动区依然会把所受的力传递给过渡区，但由于格室壁的侧向限制和相邻格室的反作用力，以及填料与格室壁的摩擦力所形成的横向阻力，抑制了土体的横向移动倾向，从而使路基的承载能力得以提高。土工格室常用于处理风沙地区路基、台背路基填土加筋、多年冻土地区路基、黄土湿陷路基处理、盐渍土、膨胀土路基等。

（六）施打塑料排水板法

1. 工作原理

施打塑料排水板法是用插板机将塑料排水板插入软土地基，在上部预压荷载作用下，软土地基中的空隙水由塑料排水板排到上部铺垫的砂层或水平塑料排水管中，由其他地方排出，加速软基固结。塑料排水板施工设备的作用基本与袋装砂井相同。

2. 塑料排水板施工要求

①选用塑料排水板的技术、质量指标应符合设计要求。

②现场堆放的塑料排水板，应采取措施防止损坏滤膜。露天堆放时应有遮盖，不得长时间暴晒。

③塑料排水板超过孔口的长度应能伸入砂垫层不小于 500 毫米处，预留段应及时弯折埋设于砂垫层中，与砂垫层贯通，并采取保护措施。

④塑料排水板不得搭接。

⑤施工中防止泥土等杂物进入套管内，一旦发现，应及时清除。

⑥打设形成的孔洞应用砂回填，不得用土块堵塞。

3. 塑料排水板加固软土地基的优点

①滤水性好，排水畅通，排水效果有保证。

②材料有良好的强度和延展性，能适合地基变形能力而不影响排水

性能。

③排水板断面尺寸小，施打排水板过程中对地基扰动小。

④可在超软弱地基上进行插板施工。

⑤施工快、工期短，每台插板机每日可插板15000米以上，造价比袋砂井低。

对于深厚的软土地基采用排水固结法进行加固时，从技术上和经济上考虑，排水板是一种经济、有效、可行的方法。

（七）反压护道法

反压护道法是指为防止软弱地基产生剪切、滑移，保证路基稳定，对积水路段和填土高度超过临界高度的路段，在路堤一侧或两侧填筑起反压作用的，具有一定宽度和厚度的护道土体的一种软基处置方法。其原理是通过护道改善路堤荷载方式来增加抗滑力的方法，使路堤下的软基向两侧隆起的趋势得到平衡，从而保证路堤的稳定性。

反压护道法适用于路堤高度不大于1.5至2倍的极限高度，非耕作区和取土不太困难的地区。

采用反压护道法加固地基，不需特殊的机具设备和材料，施工简易方便，但占地多，用土量大，后期沉降大，后续养护工作量也大。

反压护道施工填料材质应符合设计要求。护道宜与路堤同时填筑，分开填筑时，必须在路堤达临界高度前将反压护道筑好。护道压实度应达到《公路土工试验规程》（JTGE40-2007）重型击实试验法测定的最大密度的90%，或满足设计提出的要求。

（八）堆载预压法

1. 概念

堆载预压法是堆载预压排水固结法的简称。该方法通过在场地填土加载预压，使土体中的孔隙水沿排水板排出，地基土压密、沉降、固结，从而提高地基强度，减少路堤建成后的沉降量。预压荷载超过设计道路工程荷载称为超载预压；预压荷载等于设计道路工程荷载称为等载预压。

2.特点及适用范围

堆载预压法对各类软弱地基均有效；使用材料、机具简单，施工操作方便。但堆载预压需要一定的时间，适合工期要求不紧的项目。对于深厚的饱和软土，排水固结所需要的时间很长，同时需要大量的堆载材料，在使用上会受限。

3.堆载预压法施工要求

①堆载预压不得使用淤泥土或含垃圾杂物的填料，填筑过程应按设计要求或采取有效措施，防止预压土污染填筑好的路基。

②堆载预压土应边堆土边推平，顶面应平整。

③堆载预压施工时应保护好沉降观测设施。填筑过程中应同步进行地基沉降与侧向位移观测。

④堆载预压土的填筑速率应符合设计要求，保证路堤安全、稳定。

⑤堆载预压的加压量和加压时间应满足设计要求。

⑥堆载预压卸载时间应根据观测资料和工后沉降推算结果，由建设单位组织，评估单位进行沉降评估，满足设计要求后方能卸载。

（九）真空预压法

1.概念、特点及适用范围

真空预压法是在需要加固的软土地基表面先铺设砂垫层，然后埋设垂直排水管道，再用不透气的封闭膜使其与大气隔绝，封闭膜四周埋入土中，再利用真空装置进行抽气，使膜内外形成气压差，密封的软弱地基产生真空负压力，土颗粒间的自由水、空气沿着排水管上升到软基上部砂垫层内，再经砂垫层过滤排到软基密封膜以外，从而使土体固结，增加地基的有效应力。

真空预压在固结结束时，地基的真空压力就全部转化为有效应力。由于真空预压荷载是等向的，地基中不产生剪应力，故地基不存在剪切破坏的问题，所以真空荷载可一次施加，而不必像堆载那样要分级。因此，真空预压法可大大地缩短预压时间。真空预压法与排水板堆载预压法相比，其主要优点是加荷时间短、工艺简单、造价低，地基不存在失稳问题。该法适用于含水量高、孔隙比大、强度低、渗透系数和固结系数小的黏土，通常在设计荷载不超过 80 千帕的地基上采用是较适宜的。

2. 真空预压法施工要求

①垫层材料宜采用中、粗砂，泥土杂质含量小于 5%，严禁砂中混有尖石等尖利硬物。

②每个加固区用 2 至 3 层密封膜，具体层数可根据密封膜性能确定。密封膜厚度宜为 0.12 至 0.17 毫米，密封膜每边长度应大于加固区相应边 3 至 4 米。薄膜加工后不得存在热穿、热合不紧等现象，不宜有交叉热合缝。

③滤管应不透砂。滤管距泥面、砂垫层顶面的距离均应大于 50 毫米。滤管周围必须用砂填实，严禁架空、漏填。

④密封沟与围堰处理。沿加固边界开挖密封沟，其深度应低于地下水位并切断透水层，内外坡应平滑。沟底宽度应大于 400 毫米，密封膜与沟底黏土之间应进行密封处理。密封沟回填料应为不含杂质的纯黏土，不得损坏密封膜。筑堰位置应跨密封沟的外沟沿，堰体应密实、牢固。铺膜前，应把出膜弯管与滤管连接好，并培实砂子，同时处理好出口的连接。

⑤真空表测头应埋设于砂垫层中间，每块加固区不少于 2 个真空度测点，真空管出口须防止弯折或断裂。

⑥抽真空。抽真空持续时间应符合设计要求，设计无规定可持续 2 至 5个月。覆盖厚度宜为 200 至 400 毫米，膜下真空压力应持续稳定在 80 千帕以上。应注意观察负压对其相邻结构物的影响。

（十）真空堆载联合预压法

真空堆载联合预压法是真空预压和堆载预压两种方法的结合。处治原理同真空预压法，但加载更大，预压时间可缩短一半。

1. 真空堆载联合预压法施工要求

①路堤填筑宜在抽真空 30 至 40 天后开始进行，或按设计规定开始堆载。

②路堤填筑速率应符合设计规定。

③路堤填筑期间应保持抽真空。

④路堤填筑高度达到设计标高（考虑沉降）后，应继续抽真空，路堤沉降值（或地基固结度）达到设计要求后方可停止抽真空。

2. 真空预压法、真空堆载联合预压法施工监测

①预压过程中，应进行孔隙水压力、真空压力、深层沉降量及水平位移等预压参数的监测。真空压力每隔 4 小时观测一次，表面沉降每 2 天测一次。

②当连续五昼夜实测地面沉降小于 0.5 毫米 / 天、地基固结度已达到设计要求的 80% 时，经验收，即可终止抽真空。

③停泵卸荷后 24 小时，应测量地表回弹值。

（十一）**袋装砂井法**

袋装砂井法是用透水型土工织物长袋装沙砾石，一般通过导管式振动打设机械将沙袋设置在软土地基中形成排水砂柱，以加速软土排水固结的地基处理方法。沙袋可采用聚丙烯、聚乙烯、聚酯等长链聚合物编织，以专用缝纫机缝制或工厂定制，目前国内普遍采用的是聚丙烯编织，该材料抗老化性能差。施工机械一般为导管式的振动打设机械，只是在进行方式上有差异。我国一般采用的打设机械有轨道门架式、履带臂架式、步履臂架式、吊机导架式。该法用于淤泥固结排水、堆荷预压，使沉降均匀。

袋装砂井法施工要点：

①所用中、粗砂中大于 0.6 毫米颗粒的含量宜占总重的 50% 以上，含泥量小于 3%，渗透系数大于 5×107 毫米 / 秒。沙袋的渗透系数应不小于砂的渗透系数。且应保持干燥，不宜采用潮湿填料，以免袋内填料干燥后，

体积减小，造成短井。

②沙袋露天堆放时应有遮盖，不得长时间暴晒。

③沙袋应垂直下井，不得扭结、缩颈、断裂、磨损。

④拔钢套管时若将沙袋带出或损坏，应在原孔位边缘重打；连续两次将沙袋带出时，应停止施工，查明原因并处理后方可施工。

⑤沙袋在孔口外的长度，应能顺直伸入砂垫层，至少300毫米。

（十二）砂桩法（挤密砂桩或砂桩挤密法）

1.概念

砂桩（砂井）指的是为加速软弱地基排水固结、增加软基稳定性，在地基中经振动、冲击或水冲等方式成孔后，灌入中、粗砂而建成的排水桩体。将砂灌入织袋放进孔内形成的井，称袋装砂井。

2.适用范围

砂桩法适用于松散砂土、粉土、黏性土、素填土、杂填土等地基；对饱和黏土地基，对变形控制要求不严的工程也可采用砂桩置换处理；砂桩还可用于处理可液化的地基。在用于饱和黏土的处理时，最好是通过现场试验后再确定是否采用。

3.成孔分类

根据成孔方式的不同，目前工程中砂桩成孔方式分为套管成孔法、水冲成孔法和螺旋钻成孔法等。

（1）套管成孔法

将带有活瓣管尖或套有混凝土端靴的套管沉到预定深度，然后在管内灌砂后拔出套管，形成砂桩。根据沉管工艺不同，又分为静压沉管法和振动沉管法。

（2）水冲成孔法

通过专用喷头，在水压力作用下冲孔，成孔后清孔，再向孔内灌砂成孔。此法适用于土质较好且均匀的砂性土。

（3）螺旋钻成孔法

以动力螺旋钻钻孔，提钻后灌砂成桩。此法适用于陆地上的工程，砂桩长度小于 10 米，且土质较好，不会出现缩颈、塌孔现象的软弱地基；不宜用在很软弱的地基。

4. 施工要求

①材料要求：采用中、粗砂，大于 0.6 毫米的颗粒含量宜占总重的 50%以上，含泥量应小于 3%，渗透系数大于 $5 \times 10\text{-}2$ 毫米 / 秒。也可使用沙砾混合料，含泥量应小于 5%。

②采用单管冲击法、一次打桩管成桩法或复打成桩法施工时，应使用饱和砂；采用双管冲击法、重复压拔法施工时，可使用含水量为 7% 至 9%的砂；饱和土中施工可用天然湿砂。

③地面下 1 至 2 米土层应超量投砂，通过压挤提高表层砂的密实程度。

④成桩过程应连续。

⑤实际灌砂量未达到设计用量时，应进行处理。

（十三）碎石桩

碎石桩是散体桩（由无黏结强度材料制成的桩）的一种，按其制桩工艺可分为振冲（湿法）碎石桩和干法碎石桩两大类。采用振动加水冲的制桩工艺制成的碎石桩称为振冲碎石桩或湿法碎石桩。采用各种无水冲工艺（如干振、振挤、锤击等）制成的碎石桩统称为干法碎石桩。

碎石桩施工要求：

①材料要求：未风化碎石或砾石，粒径宜为 19 至 63 毫米，含泥量应小于 10%。

②施工前应按规定做成桩试验。

③根据试桩成果，严格控制水压、电流和振冲器在固定深度位置的留振时间。

④碎石桩密实度抽查频率为 2%，用重口型动力触探测试，贯入量为

100毫米时，击数应大于5次。

（十四）加固土桩

加固土桩（粉喷桩）主要是以水泥、石灰、粉煤灰等材料做固化剂的主剂，利用深层搅拌机械在原位软土中进行强制搅拌，经过物理化学作用生成一种具有较高强度、较好变形特性和水稳性的特殊混合桩体。它对提高软土地基承载能力，减少地基的沉降量有明显效果。适用于加固饱和软黏土地基如淤泥、淤泥质土、粉土和含水量较高的黏性土。

1. 材料要求

①生石灰粒径应小于2.36毫米，无杂质，氧化镁和氧化钙总量应不小于85%，其中氧化钙含量应不小于80%。

②粉煤灰中二氧化硅和三氧化二铝含量应大于70%，烧失量应小于10%。

③水泥宜用普通水泥或矿渣水泥。

2. 加固土桩施工前的准备工作

①施工前必须进行成桩试验，桩数不宜少于5根。

②应取得满足设计喷入量的各种技术参数，如钻进速度、提升速度、搅拌速度、喷气压力、单位时间喷入量等。

③应确定能保证胶结料与加固软土拌和均匀性的工艺。

④掌握下钻和提升的阻力情况，选择合理的技术措施。

⑤根据地层、地质情况确定复喷范围。

⑥应根据固化剂喷入的形态（浆液或粉体），采用不同的施工机械组合。

3. 固化剂相关规定

（1）采用浆液固化剂时

制备好的浆液不得离析，不得停置过长。超过2小时的浆液应降低等级使用。浆液拌和均匀，不得有结块。供浆应连续。

（2）采用粉体固化剂时

严格控制喷粉标高和停粉标高，不得中断喷粉，确保桩体长度；严格控制粉喷时间、停粉时间和喷入量。应防止桩体上下喷粉不匀、下部剂量不足、上下部强度差异大等问题，应按设计要求的深度复搅。当钻头提升到地面以下小于 500 毫米时，送灰器停止送灰，用同剂量的混合土回填。若喷粉量不足，应整桩复打，复打的喷粉量不小于设计用量，因故喷粉中断时，必须复打，复打重叠长度应大于 1 米。施工设备必须配有自动记录的计量系统。钻头直径的磨损量不得大于 10 毫米。

（十五）水泥粉煤灰碎石桩

水泥粉煤灰碎石桩（简称 CFG 桩）是在碎石桩的基础上发展起来的，以一定配合比率的石屑、粉煤灰和少量的水泥加水拌和后制成的一种具有一定胶结强度的桩体。由于桩体中加入了水泥和粉煤灰，形成了高黏结强度的桩，从而改善了碎石桩的刚性，不仅能很好地发挥全桩的侧摩阻作用，同时，也能很好地发挥其端阻作用。CFG 桩和桩间土、垫层一起形成复合地基。

水泥粉煤灰碎石桩施工要求：

1. 材料要求

（1）骨料

应根据施工方法，选择合理的骨料级配和最大粒径。粗骨料一般采用碎石或卵石。泵送混合料时，卵石最大粒径宜为 26.5 毫米，碎石最大粒径宜为 19 毫米。采用振动沉管时，骨料最大粒径不宜超过 63 毫米。为使级配良好，宜掺入石屑或砂填充碎石的空隙。

（2）水泥

宜选用普通硅酸盐水泥，一般采用 32.5 级。

（3）粉煤灰

宜选用袋装 Ⅰ 、Ⅱ 级粉煤灰。

2.施工前应进行成桩试验，试桩数量宜为 5 至 7 根

成桩试验应确定符合设计要求的施工工艺和施工速度，确定合理的投料数量，确定桩的质量标准。

3.桩体施工应选择合理的施打顺序，避免对已成桩造成损害

CFG 桩施工一般采用振动沉管机械施工，因此，其施打顺序对成桩质量影响较大，根据经验，一般采用隔桩施打，此时很少发生打桩径被挤小或缩径现象。

4.成桩过程中，应对已打桩的桩顶进行位移监测

一般桩顶位移超过 10 毫米时，需要对桩体进行开挖查验。

5.为保证桩体质量，混合料应拌和均匀，且投料要充分

混合料坍落度一般宜为 100 毫米左右。

（十六）沉管灌注桩

1.Y 形沉管灌注桩施工

Y 形沉管灌注桩是一种派生于传统沉管灌注桩（圆形）的异形沉管灌注桩，根据"同等截面，多边形边长之和大于圆形周长"的原理，桩侧表面积增加，摩阻力相应增加，即等长、等体积的 Y 形沉管灌注桩比传统的圆形沉管灌注桩的侧面积大、单桩承载力高。

①粗集料宜优先选用卵石；采用碎石，宜适当增加含砂率；骨料最大粒径不宜大于 63 毫米。混凝土坍落度宜为 80 至 100 毫米，在运输和灌注过程中无离析、泌水现象。

②桩尖、桩帽混凝土强度不宜低于 C30。

③邻近有建筑物（构造物）时，应采取有效的隔振措施。

④桩基定位点及施工区附近的水准点应设置在不受桩基施工影响处。

⑤群桩施工，应合理设计打桩顺序，控制打桩速度，防止影响邻桩成桩质量。

⑥沉管前，宜在桩管内先灌入高 1.5 米左右的封底混凝土，方可开始

沉管。

⑦灌注混凝土的充盈系数不得小于 1。

⑧拔管速度应保持为 1.0 至 1.2 米 / 分钟，桩管埋入混凝土深度应大于 1 米。

2. 薄壁筒形沉管灌注桩施工

薄壁筒形沉管灌注桩派生于传统的圆形沉管灌注桩，利用一个内、外双管及桩靴结构，配备中、高频振动锤，形成密封管状系统沉孔，并灌注混凝土，形成大口径薄壁筒桩。

①混凝土粗集料宜优先选用卵石，卵石最大粒径为 63 毫米；采用碎石，宜适当增加含砂率，碎石最大粒径为 37.5 毫米。混凝土坍落度宜为 80 至 150 毫米，在运输和灌注过程中无离析、泌水现象。

②桩尖、桩帽混凝土强度不宜低于 C30，桩尖表面应平整、密实，桩尖内外面圆度偏差不得大于 1%，桩尖端头支承面应平整。

③邻近有建筑物时，应采取有效的隔振措施。

④在软土地基上打群桩时，应合理设计打桩顺序，控制打桩速度。

⑤桩基定位点及施工区附近所设的水准点应设置在不受桩基施工影响处。

⑥沉管规定：成孔器安装时，应控制底部套筒环形空隙（即成桩壁厚）的均匀性，环隙偏差小于 5 毫米方可固定上端法兰或缩压夹持器。沉孔之前，必须使桩尖与成孔器内、外钢管的空腔密封，确保在全部沉孔过程中水不会渗入空腔内。浇注混凝土前，应检测孔底有无渗水和淤泥。

⑦浇注混凝土规定：桩管内混凝土灌满后，先振动 5 至 10 秒，再边振动边拔管，控制拔管速度均匀，保持管内混凝土高度不少于 2 米。穿越特别软弱土层时，拔管速度宜控制在 1.0 至 1.2 米 / 分钟。采取间歇性振动，即灌入 2 米高度混凝土后，提升振动一次，不宜连续振动而不提升。在沉孔及提升成孔器时，必须控制成孔器的垂直度。浇注后的桩顶标高应大于设计标

高 500 毫米。

二、潮湿地段路基施工

(一) 潮湿地段路基填料要求

用湿黏土、红黏土作为填料直接填筑时，应符合以下要求：

第一，液限在 40% 至 70% 之间，塑性指数在 18 至 26 之间。

第二，不得作为二级及二级以上公路路床、零填及挖方路基 0 至 0.80 米范围内的填料；不得作为三、四级公路上路床、零填及挖方路基 0 至 0.30 米范围内的填料。

第三，采用湿土法制作试件，试件的 CBR 值应满足现行《公路路基施工技术规范》相关规定。

第四，压实度应符合规定，否则应对填料进行处理，处理后强度应符合现行《公路路基施工技术规范》相关规定。

第五，压缩系数大于 0.5 兆帕 –1 的红黏土不得直接用于填筑路堤。

第六，强膨胀土不得作为路堤填料。中等膨胀土经处理后可作为填料，用于二级及二级以上公路路堤填料时，改性处理后胀缩总率应不大于 0.7%。胀缩总率不超过 0.7% 的弱膨胀土可直接填筑。

(二) 湿黏土路基施工

湿黏土路堤填筑时，每层宜设 2% 至 3% 的横坡。当天的填土宜当天完成压实。填筑层压实后，应采取措施防止路基工作面暴晒失水。

1. 水稻田地段路基施工

水稻田地段路基施工，不得影响农田排灌。施工前应采取措施排除公路用地范围内的地表水。疏于地表水确有困难时，应按设计要求进行处治。二级及二级以上公路路堑段，应在边坡顶适当距离外筑埂并挖截水沟；土质、风化岩石边坡，应浆砌护墙或护坡；路堑路段宜加大边沟尺寸并采用浆砌。

2.河、塘、湖地段路堤施工

受水浸润作用的路堤部分，宜用水稳性好、塑性指数不大于6、压缩性小、不易风化的透水性填料填筑。在洪水淹没地段的路堤两侧不得取土；对于三、四级公路，特殊情况下，可在下游侧距路堤安全距离外取土。两侧水位差较大的河滩路堤，根据具体情况，宜放缓下游一侧边坡，设滤水坝趾和反滤层，在基底设隔渗墙或隔渗层。防洪工程应在洪水期前完成，施工期间应注意防洪。

3.多雨潮湿地区路基施工

多雨潮湿地区施工，应注意排水。机具停放地、库房、生活区域应选在地势较高不易被水淹的地点，并有完善的排水防洪设施。多雨潮湿地区，应按设计要求对基底过湿土层进行处理。

（三）红黏土地区路基施工

1.路堤施工

应尽量避免雨季施工。雨季施工时，应防止松土被雨淋湿。施工中应保持作业面横坡不小于3%。雨后作业面，应经晾干且重新压实合格后方可进行下道工序的施工。路堤填筑应连续，填料应随挖随用。摊铺后必须及时碾压，做到当天摊铺当天完成碾压。碾压完成后，应采取措施防止路堤作业面暴晒失水。

2.提高红黏土路堤压实度的措施

（1）掺加沙砾法

掺加沙砾能改善高液限土（红黏土）的液限、塑性指数以及 CBR 值，当粗粒料含量大于35%至40%时，一般能达到标准土质的填筑要求。随着沙砾含量的增加，对裂缝的抑制作用愈来愈明显，抗裂性能得到相应提高。

（2）化学外加剂法

掺入石灰、水泥等外加剂可有效降低含水量，提高强度，同时又可降低塑性指数，提高水稳性。

（3）包边法

将不能直接填筑的红黏土进行隔水封闭。外包材料为水稳性较好的低液限土。但是对于碾压稠度偏低（小于1.15）导致难以压实的红黏土应避免采用此法。该法建议使用于下路堤填筑。

3.包边法施工

包边材料应为透水性较小的低液限黏土、石灰土等，CBR值应符合现行《公路路基施工技术规范》相关规定。严禁用粉土、砂土等低塑性土包边。分层填筑时，先摊铺包边土，后摊铺红黏土。碾压前，应控制两种填料的各自含水量，使两种填料在同一压实工艺下能达到压实标准。包边土的压实度应符合土质路基压实度规定。碾压应从两边往中间进行，对不同填料的结合处要增加碾压次数1至2次。超高弯道的碾压应自低处向高处进行。

三、盐渍土地区路基施工

（一）路堤填料

盐渍土作为路堤填料，首先与所含易溶盐的性质和数量有关，其次与所在自然区域的气候、水文和水文地质条件有关，此外还与土质道路技术等级和路面结构类型有关。路堤填料要求符合以下要求：

第一，路堤填料适用性应符合现行《公路路基施工技术规范》的相关规定。

第二，对填料的含盐量及其均匀性应加强施工控制检测，路床以下每1000米，填料、路床部分每500平方米填料应至少做一组测试，每组3个土样，填方不足上列数量时，亦应做一组试件。含盐量大的土层一般分布在地表数百毫米的范围内。实际检测时，若发现上、下层含盐量不一样，但总的平均含量未超过规定允许值时，可以通过将上、下两层盐土打碎拌和来保证填料含盐量的均匀性。

第三，用石膏土做填料时，应先破坏其蜂窝状结构。根据以往公路、铁路多年实践经验，石膏土或石膏粉均可作为路堤填料。蜂窝状和纤维状石膏土，由于其疏松多孔，用作填料时，应破碎其蜂窝状结构，以保证达到要求的压实度。

（二）基底（包括护坡道）处治

含水量超过液限的原地基土，应按设计要求将基底以下1米全部换填为透水性材料；含水量界于液限和塑限之间时，应按设计要求换填100至300毫米厚的透水性材料；含水量在塑限以下时，可直接填筑黏性土。地下水位以下的软弱土体应按设计要求采用透水性好的粗粒土换填，高度宜高出地下水位300毫米以上。在内陆盆地干旱地区，路面为沥青混凝土、水泥混凝土或沥青表面处治时，应按设计要求在路堤下部设置封闭性隔断层。地表为过盐渍土的细粒土、有盐结皮和松散土层时，应将其铲除，铲除的深度通过试验确定。地表过盐渍土层过厚时，若仅铲除一部分，则应设置封闭隔断层，隔断层宜设置在路床顶以下800毫米处；若存在盐胀现象，隔断层应设在产生盐胀的深度以下。

（三）盐渍土路堤施工

盐渍土路堤应分层填筑、分层压实，每层松铺厚度不宜大于200毫米，砂类土松铺厚度不宜大于300毫米。碾压时应严格控制含水量，碾压含水量不宜大于最佳含水量1个百分点。雨天不得施工。盐渍土路堤的施工，应从基底处理开始，连续施工。在设置隔断层的地段，宜一次做到隔断层的顶部。地下水位高的黏性盐渍土地区，宜在夏季施工；砂性盐渍土地区，宜在春季和夏初施工；强盐渍土地区，宜在表层含盐量较低的春季施工。

（四）盐渍土路堤施工排水

施工中应及时、合理设置排水设施，路基及其附近不得积水。取土坑底面应高出地下水位至少150毫米，底面向路堤外侧应有2%至3%排水横坡。在排水困难地段或取土坑有可能被水淹没时，应在取土坑外采取适当处治措施。在地下水位较高地段，应加深两侧边沟或排水沟，以降低路基下的地下水位。盐渍土地区的地下排水管与地面排水沟渠，必须采取防渗措施，且不宜采用渗沟。

四、膨胀土地区路基施工

（一）施工一般要求

膨胀土地区路基施工，应避开雨季作业，加强现场排水，基底和已填筑的路基不得被水浸泡。膨胀土地区路基应分段施工，各道工序应紧密衔接，连续完成。路基边坡按设计要求修整，并应及时进行防护施工。膨胀土路基填筑松铺厚度不得大于 300 毫米；土块粒径应小于 37.5 毫米。填筑膨胀土路堤时，应及时对路堤边坡及顶面进行防护。路基完成后，当年不能铺筑路面时，应按设计要求做封层，其厚度应不小于 200 毫米，横坡不小于 2%。

（二）二级及二级以上公路路堤基底处理

高度不足 1 米的路堤，应按设计要求采取换填或改性处理等措施处治；表层为过湿土时，应按设计要求采取换填或进行固化处理等措施处治；填土高度小于路面和路床的总厚度，基底为膨胀土时，宜挖除地表 0.30 至 0.60 米的膨胀土，并将路床换填为非膨胀土或掺灰处理；若为强膨胀土，挖除深度应达到大气影响深度。

（三）路堑施工

路堑施工前，先施工截、排水设施，将水引至路幅以外。边坡施工过程中，必要时，宜采取临时防水封闭措施保持土体原状含水量。边坡不得一次挖到设计线，应预留厚度 300 至 500 毫米，待路堑完成时，再分段削去边坡预留部分，并立即进行加固和封闭处理。路床底标高以下应按照设计要求进行处理。宜用支挡结构对强膨胀土边坡进行防护。支挡结构基坑应采取措施防止暴晒或浸水，基础埋深应在大气风化作用影响深度以下。

五、粉质土地区路基施工

（一）开挖边沟

由于粉性土的毛细水上升高度较大，为防止路基边坡底部土体含水量过大，从而发生由下往上的坍塌失稳，在路基开始施工时，可结合边沟设计在两侧开挖一定深度的边沟，降低地下水及路基两侧地面水对路基的侵害。

（二）增加压实宽度

实际施工中在原设计路基宽度基础上可适当增加其压实宽度，以预留冲刷宽度，维持和保护主体路基的稳定。

（三）控制路基表面平整度

路基表面平整，有利于水在路表均匀漫流，不至于形成局部溜槽。一定的路拱有利于路基范围内的降水及时排到路基外，不使积水渗入土基。

（四）设拦水坡、泄水槽

水流对路基表面的冲刷程度随流量、流速的变化而变化，当路表水沿边坡流下后将形成一定的流速，从而对边坡形成较严重的冲刷。雨季施工时，在路基边缘设置拦水坡，并每隔一定距离设置泄水槽，路基表面降水流至路基边缘后沿拦水埂汇集至泄水槽集中排出，避免路基边坡被冲刷。

（五）掺灰处治

粉质土不是石灰土的理想土源，通过掺入 5% 至 8% 的石灰，改善土的板体性能，到了一定的龄期后，其浸水后的稳定性也大大提高，防止雨水冲刷和土体坍塌的现象。

第四节　市政路基施工压实技术

一、一般土路基的压实

路基压实施工的要点包括选择压实机具、压实方法，确定压实度，确定填料的含水量，采用正确方法压实，检查路基压实质量等。

1.选择压实机具。为了保证路基压实度的要求，一般采用机械压实，选择压实机具应综合考虑路基土性质、工程量的大小、施工条件和工期气候条件及压实机具的效率等。

2.采用正确方法压实。道路土基填方，要特别控制压实松铺土厚度，不应使其大于30厘米。宜做试验路段，并按试验结果确定松铺土厚度。

机械填筑整平压实，可用铲运机、推土机配合自卸汽车推运土料填筑路堤，分层填土，且自中线向两边设置2%至4%的横向坡度，及时碾压。雨期施工更应注意设置较大横坡和随铺随压，保证当班填铺的土层达到规定压实度。

经检查填土松铺厚度、平整度及含水量，符合要求后进行碾压。压路机碾压路基时，应遵循先轻后重、先稳后振、先低后高、先慢后快以及轨迹重叠等原则，根据现场压实度试验提供的松铺厚度和控制压实遍数进行压实。若控制压实遍数超过10遍，应考虑减少填土层厚，经检验合格后，方可转入下道工序，以防止填土层底部达不到规定压实度。

采用振动压路机碾压时，第一遍应不振动静压，然后由慢到快、由弱到强进行压实。各种压路机开始碾压时，均应慢速，最快不要超过4千米/小时。碾压直线段由边到中，小半径曲线段由内侧向外侧，纵向进退进行。碾压轨迹重叠三分之一以上，纵、横向碾压接头必须重叠，并压至填土层表面平整，无松散、发裂，无明显轨迹即可取样检验压实度。

二、路堑及其他部位填土的压实

1. 路堑压实。路堑、零填路基的路床表面30厘米内的土质必须符合规范对土质的要求，否则要换填符合要求的土。土质合格的也要经过压实，检验压实度。

2. 桥涵及其他构筑物处填土压实。

（1）桥涵两侧填土

填土底部与桥台基础距离应不小于2米，桥台顶部距翼墙端部应不小于桥台高度加2米，拱桥的桥台填土顶部宽度应不小于台高的4倍，涵洞顶部填土每侧不小于2倍的孔径。桥涵两侧、挡土墙后背及修建在路基范围内的其他构筑物周边，宜采用砂类土、砾石类土等透水性能好的填料填筑；也可采用粉煤灰、石灰土填筑，并要分层对称填筑。主干路松铺厚度应不大于15厘米，其他等级道路松铺厚度宜小于20厘米。桥台填土宜与锥坡填土同时进行。

（2）挡土墙填土

挡土墙的填料、分层应与桥涵填土相同，填土层顶部应做成向外倾斜的横坡。设有泄水孔的挡土墙，孔周反滤层施工应与填土同步进行。

（3）收水井周边、管沟填土

宜采用细粒土或粗中砂回填。细粒土松铺厚度宜为15厘米左右，中粗砂宜为20厘米一层。填料中不得含有大于5厘米的石块、砖碴。填筑时，在井和管沟两边应对称进行。

（4）检查井周填土

检查井周40厘米范围内，不宜采用细粒土回填，而应采用砂、沙砾土或石灰土回填。砂、沙砾土的松铺厚度不宜大于20厘米，石灰土的松铺厚度宜为 15 厘米左右。填筑应沿井室中心对称进行。

三、填石路基的压实

填石（土石）路堤应采用 18 屯以上的重型振动压路机或 25 吨以上的轮胎压路机碾压。水中填石高出水面 50 厘米左右宜先用 2.5 吨以上的夯锤先夯击，再用振动压路机碾压。场地狭窄处，半填路段的沙砾料，宜采用手扶振动压路机或振动夯，分层（每层 15 至 20 厘米）压（夯）实。

1. 路基压实前，应用大型推土机将石料摊铺平整，个别不平处，应人工配合用石屑进行调平碾压。

2. 填石（土石）路基压实，应按先两侧后中间的方法进行，压实路线应纵向平行，碾压行进速度、压轮重叠宽度与土路基压实相同，经反复碾压至无下沉、顶面无明显高低差为止。

3. 当采用重锤夯击时，以落锤锤击不下沉且发生弹跳为度。下一锤位置应与原夯击面重叠 40 至 50 厘米，相邻区段应重叠 1 至 1.5 米。

四、高填方路堤的压实

高填方路堤的施工除要满足一般路堤的施工技术要求外，还要注意基底的承载力、路堤的沉降和稳定性。当路基松软虽经碾压仍不能满足设计要求的承载强度和回弹模量时，必须进行加固处理。

五、路基压实质量问题的防治

1. 路基行车带压实度不足的原因及防治

（1）原因分析

路基施工中压实度不能满足质量标准要求，甚至局部出现"弹簧"现象，主要原因是：

①压实遍数不合理。

②压路机质量偏小。

③填土松铺厚度过大。

④碾压不均匀，局部有漏压现象。

⑤含水量大于最佳含水量，特别是超过最佳含水量两个百分点，造成弹簧现象。

⑥没有对上一层表面浮土或松软层进行处治。

⑦土场土质种类多，出现异类土壤混填，尤其是透水性差的土壤包裹透水性好的土壤，形成了水囊，造成弹簧现象。

⑧填土颗粒过大（粒径大于 10 厘米），颗粒之间空隙过大，或采用不符合要求的填料（天然稠度小于 1.1，液限大于 40，塑性指数大于 18）。

（2）治理措施

①清除碾压层下软弱层，换填良性土壤后重新碾压。

②对产生"弹簧"的部位，可将其过湿土翻晒，拌和均匀后重新碾压，或挖除换填含水量适宜的良性土壤后重新碾压。

③对产生"弹簧"且急于赶工的路段，可掺生石灰粉翻拌，待其含水量适宜后重新碾压。

2. 路基边缘压实度不足的原因及防治

（1）原因分析

①路基填筑宽度不足，未按超宽填筑要求施工。

②压实机具碾压不到边。

③路基边缘漏压或压实遍数不够。

④采用三轮压路机碾压时，边缘带（0 至 75 厘米）碾压频率低于行车带。

（2）预防措施

①路基施工应按设计的要求进行超宽填筑。

②控制碾压工艺，保证机具碾压到边。

③认真控制碾压顺序，确保轨迹重叠宽度和段落搭接超压长度。

④提高路基边缘带压实遍数，确保边缘带碾压频率高于或不低于行车带。

（3）治理措施

校正坡脚线位置，路基填筑宽度不足时，返工至满足设计和规范要求（注意：亏坡补宽时应开蹬填筑，严禁贴坡），控制碾压顺序和碾压遍数。

第五节　路基质量检测方法

一、最佳含水量和最大干密度的确定

最佳含水量又称最优含水率，是指在一定压实功作用下，能使填土达到最大干密度（干容量）时相应的含水率。最佳含水量是土基施工的一个重要控制参数。

最佳含水量的试验测定方法有击实试验法（分轻型击实和重型击实）、振动台法和表面振动击实仪法。

（一）击实试验法

①用干法或湿法制备一组不同含水量（相差约2%）的试样（不少于5个）。

②取制备好的土样按所选击实方法分3次或5次倒入击实筒，每层按规定的击实次数进行击实，要求击完后余土高度不超过试筒顶面5毫米。修平称量后用推土器推出筒内试样，测定击实试样的含水量和测算击实后土样的湿密度。其余土样按相同方法进行试验。

③计算各试样干密度，以干密度为纵坐标，含水量为横坐标绘制曲线，

曲线上峰值点的纵、横坐标分别为最大干密度和最佳含水量。

④当试样中有大于25毫米（小筒）或大于38毫米（大筒）的颗粒时，应先将其取出，求得其百分率（要求不得大于30%），对剩余试样进行击实试验，再利用修正公式对最大干密度和最佳含水量进行修正。

（二）振动台法

①充分搅拌并烘干试样，使其颗粒分离程度尽可能小，然后大致分成3份，测定并记录空试筒质量。

②用小铲或漏斗将任一份试样徐徐装入试筒，并注意使颗粒分离程度最小（装填宜使振毕密实后的试样等于或略低于筒高的1/3），抹平试样表面，然后可用橡皮锤或类似物敲击几次试筒壁，使试料下沉。

③放置合适的加重底板于试料表面，轻轻转动，使加重底板与试样表面密合一致。卸下加重底板把手。

④将试筒固定于振动台面上，装上套筒，并与试筒紧密固定，将合适的加重块置于加重底板上，其上部尽量不与套筒内壁接触。

⑤设定振动台在振动频率50赫兹下的垂直振动双振幅为0.5毫米，或在振动频率60赫兹下的垂直振动双振幅为0.35毫米。在50赫兹下振动试筒及试样10分钟；在60赫兹下振动8分钟。振毕卸去加重块及加重底板。

⑥按2至5步进行第二层、第三层试料振动压实。但第三层振毕，加重底板不再立即卸去。

⑦卸去套筒，然后检查加重底板是否与试样表面密合一致，即按压。

⑧看加重底板边缘是否翘起，若翘起，则宜在试验报告中注明。

⑨刷净试筒顶沿面上及加重底板上位于试筒导向瓦两侧测量位置所积落的细粒土，并尽量避免将这些细粒土刷进试筒内，将百分表架支杆插入每个试筒导向瓦套中，然后分别测读并记录试筒导向瓦每侧试筒顶沿面（中心线处）各3个百分表读数，共12个读数（其平均值即为终了百分表读数R）。

二、土基压实质量控制与检测

（一）影响土基压实的主要因素

1.土质

一般情况下，同一压实功作用下，含粗粒土越多，其最大干密度越大，而最佳含水量越小。

2.含水量

土中含水量对其压实效果的影响比较显著。当含水量较小时，土中空隙多，互相连通，在一定的外部压实功作用下，土粒间气体易被排出，密度增大，但由于含水量小，水膜润滑作用不明显，外部压实功不足以克服粒间引力，土粒不易移动，因此压实效果比较差；随着含水量逐渐增大，水膜润滑作用增强，在外部压实功作用下，土粒比较容易发生相对移动，压实效果渐佳；当土中含水量增加到一定程度后，土空隙中出现难以排出的自由水，减小了有效压功，压实效果反而降低。因此，土的含水量存在一个最佳含水量，在此情况下，同样压实功获得最大干密度和最好的水稳定性。

3.压实功

经试验和工程实践发现，同一类土，其最佳含水量随压实功的增加而减小，而最大干密度则随压实功的增加而增大。当土含水量偏低时，增加压实功对提高干密度效果明显，含水量偏高时则收效甚微。当压实功增大到一定程度后，对最佳含水量的减小和最大干密度的提高效果均不明显，即单纯用增大压实功来提高土的干密度并不理想，压实功过大甚至还会破坏土体结构，适得其反。

4.铺土厚度

工程实践表明，同一类土在相同压实功条件下，压实度随土层松铺厚度的增加而减小。表层压实效果优于下面土层。因此，相关规范中都推荐了不同类土在不同压实功下的松铺土层厚度，以供施工参考。

（二）土基压实的控制与检测

要控制路基压实质量，应充分认识影响压实的各种因素及其相互关系，根据现场实际情况，采取合理的措施。质量控制与检测应重点关注以下几方面：

1. 确定土基的最大干密度和最佳含水量

沿线路基填料性质往往有较大的差别。路基施工前，应对各不同土质路段取样，采用现行相关规范推荐的测定方法进行土工试验，确定各类土质的最大干密度和最佳含水量，为后序路基施工提供参考。

含水量是影响路基土压实效果的主要因素，压实前应控制土的含水量在最佳含水量±2%之内。

2. 选择压实机械

充分了解压实功与土基压实度的关系，选择与土质相匹配的压实机械，按照合理的压实行走路线及压实遍数施工。

3. 分层填筑压实

填土分层压实厚度和压实遍数与压实机械类型、土的种类和压实度要求有关，一般应通过试验路段确定。对于低等级公路，可参照相关规范推荐值或同地区已建相同类型公路施工经验。

4. 压实质量的检测

土基压实度的检测一般采取灌砂法、环刀法、蜡封法、水袋法和核子密度仪法。环刀法适用于细粒土，灌砂法适用于各类土。采用核子密度仪时应先进行标定，并与灌砂法做对比试验，找出相关的压实度修正系数，尤其是当填土种类发生变化时，必须重新标定，方能保证压实度检测的准确性和可靠性。填筑路基时，应分层检测压实度，并要求填土层压实度达到要求后，方允许填筑上一层，这样才能保证全深度范围内的压实质量。

第六节　市政道路路面施工技术

一、路面的概念、结构与分类

（一）路面的概念

路面是指用各种材料铺筑在路基上的供车辆行驶的构造物，其主要任务是保证车辆快速、安全、舒适地行驶，路面应能够承受交通荷载和自然因素的影响，还要与周围环境衬托协调。

（二）路面的结构

道路行车荷载和自然因素的作用一般随深度的增加而减弱，为适应这一特点，路面结构也是多层次的，路面结构一般由面层、基层、垫层组成，有的道路在面层和基层之间还设立了一个联结层。

1. 面层

位于整个路面结构的最上层，直接承受行车荷载，并受自然因素的影响，因此要求面层应有足够的强度、刚度和稳定性，另外面层还应有良好的平整度和抗滑性能，以保证车辆安全平稳地通行，面层通常使用水泥混凝土、沥青混凝土、沥青碎石混合料做铺筑材料，有些道路也用块石、料石或水泥混凝土预制块铺筑道路面层，山区交通量很小的地区也直接用泥灰结碎石或泥结碎石做面层。面层可分层铺筑，称为上面层（表层）、中面层和下面层。

2. 基层

是指面层以下的结构层，主要起支撑路面面层和承受由面层传递来的车辆荷载作用，因此基层应有足够的强度和刚度，基层也应有平整的表面，以保证面层厚度均匀、平整，基层还可能受到地表水和地下水的浸入，故应有足够的水稳定性，以防湿软变形而影响路面的结构强度。基层可采用水泥稳定类、石灰稳定类、石灰工业废渣稳定类以及级配碎砾石、填隙碎石或贫混凝土铺筑。当基层较厚时，应分为两层或三层铺筑，下层称为底基层，上层称为基层，中层视材料情况，可称为基层也可称底基层，选择基层材料时，为降低工程成本，应本着因地制宜的原则，尽可能使用当地材料。

3. 垫层

设在土基和基层之间，主要用于潮湿土基和北方地区的冻胀土基，用以改善土基的湿度和温度状况，起隔水（地下水和毛细水）、排水（基层下渗的水）、隔温（防冻胀）以及传递荷载和扩散荷载的作用。垫层材料不要求强度高，但要求水稳性能和隔热性能好，常用的垫层材料有沙砾、炉渣或卵圆石组成的透水性垫层和石灰土或石灰炉渣土组成的稳定性垫层。

4. 联结层

指为加强面层和基层的共同作用或减少基层裂缝对面层的影响，而设在基层上的结构层，经常被视为面层的组成部分。联结层一般采用颗粒较大的沥青稳定碎石、大粒径透水性沥青稳定碎石或沥青灌入式。

（三）路面的分类

从路面力学特性角度划分，传统的分法把路面分为柔性路面和刚性路面，随着科技的进步，又有了新的发展，路面分类进一步得到细化。

1. 柔性路面

是指刚度较小，抗弯拉强度较低，主要靠抗压和抗剪强度来承受车辆荷载作用的路面，其主要特点是刚度小，在车轮荷载的作用下弯沉变形较大，车轮荷载通过时路面各层向下传递到路基的压应力较大。

2. 刚性路面

是指路面板体刚度大，抗弯拉强度较高的路面，其主要特点是，抗弯拉强度高、刚度大，处于板体工作状态，竖向弯沉较小，传递给下层的压应力较柔性路面小得多。

3.半刚性路面

我国公路科研工作者经过研究和探索，在 20 世纪 90 年代初提出半刚性路面的概念。我国在公路建设中大量使用了水泥稳定类、石灰稳定类和石灰粉煤灰稳定类材料做基层，这些基层材料随着龄期的增长，其强度和刚度也在缓慢地增长，但最终的强度和刚度仍远小于刚性路面，其受力特点也不同于柔性路面，以沙庆林院士为首的我国公路路面科研人员，将之称为半刚性路面基层，加铺沥青面层之后，称为半刚性路面。

4.复合式基层路面

《公路沥青路面施工技术规范》中提出了复合式基层的概念，即上部使用柔性基层，下部使用半刚性基层的基层称为复合式基层，它的受力特点是处于半刚性基层和柔性基层中间的一种结构，可以提高柔性路面的承载能力，在加铺沥青面层之后，称之为复合式路面。

当前一个时期内国内大量使用了半刚性路面基层，半刚性基层的整体性好，但易形成温度裂缝和干缩裂缝，并经反射造成沥青面层开裂，水渗入后在行车荷载的作用下出现唧浆现象，进而形成公路路面的早期损坏。将半刚性基层用做下基层，上覆以柔性基层，成为复合式结构，不仅可以提高基层的承载力，也可以扩散半刚性基层裂缝产生的水平应力，进而截断反射裂缝向上传递的途径。同时，柔性基层多采用级配碎砾石结构，具有一定的排水功能，进一步完善基层边缘排水设计，应能起到预防路面早期破坏的效果。重交通量和多雨潮湿地区目前已开始混合基层的研究和实践。

二、路面施工的特点和基本要求

路面工程是直接承受行车荷载的结构，经受严酷的自然环境和行车荷载的反复作用，因此对路面工程也提出了更高的要求。

（一）**路面施工的特点**

1. **机械化程度高**

随着经济的发展，机械制造业也发展迅速，各种类型、各种功能的路面施工机械相继出现，以前使用人工施工为主的路面施工已经转变为机械化施工为主、人工为辅的局面。如何更好地发挥机械性能，减轻人工的劳动强度，也是路面工程施工组织的重要内容。

2. **工程数量均匀，容易进行流水作业**

一般情况下一个工程项目路面工程的结构类型和设计厚度是相同的或相近的，除交叉口和收费区范围外，每千米工程数量是均匀的，这使得采取流水作业法安排路面工程施工变得更加容易。

3. **路面施工材料相对比较均匀，更容易控制路面质量**

采用细粒土的路面基层底基层材料，虽然也采取了因地制宜的原则，用沿线的土进行基层底基层施工，但相对于土石混合路基工程来讲，土质差别比较小，可以利用塑性指数的差别制定统一的质量控制标准来控制基层质量（如建立相同强度下，塑性指数与灰剂量的关系；或建立相同灰剂量情况下，塑性指数与最大干密度的关系等）。对于采取砂石材料进行施工的路面基层和面层，由于材料的产地相同，材质更加均匀，更容易用同样的质量标准来控制生产。

4. **与桥梁工程、台背回填、防护工程施工有相互干扰**

在施工进度安排上，因桥梁工程、台背回填、防护工程的滞后影响基层施工时，可采取跳跃施工的方法；对于面层施工时，应已完成上述工作，不影响面层施工的连续性。

5. **废弃材料处理**

应注意不对绿化工程、防护工程和水资源造成污染，必要时应采取环境保护措施。

6.半刚性基层沥青路面的基层重排与面层的施工安排

半刚性基层沥青路面的基层重排与面层的施工安排，宜在同一年内施工，以减少半刚性基层的反射性裂缝和沥青面层的早期损坏。

（二）对路面工程的基本要求

一般说来，不同等级的公路对路面的使用品质具有不同的要求，主要表现在一定设计年限内允许通行的交通量和要求道路提供的服务等级。首先，路面在设计年限内通过预测交通量的情况下，路面应保持一定的承载能力和抗疲劳能力；其次，路面在风吹、日晒、雨淋、严寒、酷暑、冻融等复杂自然条件下，在设计年限内应保持一定的稳定性和耐久性；最后就是在设计年限内经过一定的养护管理，路面应具有与公路等级相适应的服务水平，为车辆行驶提供安全可靠、快捷舒适的服务。具体来说，对路面工程有以下要求：

1.具有足够的强度和刚度

路面承受车辆在路面行驶时作用于路面的水平力、垂直力，并伴随着路面的变形（弯沉盆）和车辆的振动，受力模型比较复杂，会引起各种不同应力，如压应力、弯拉应力、剪应力等。路面的整体或结构的某一部分所受的力超出其承载能力，就出现路面病害，如断裂、沉陷等；在动载的不断作用下，进而出现碎裂和坑槽。因此必须保证路面整体和路面的组成部分具有足够的强度，包括修建路面的原材料，如砂石、水泥等，复合性材料，如水泥混凝土、沥青混凝土和路面结构本身。

刚度是指路面抵抗变形的能力，刚度不足时路面在车辆荷载的作用下也会产生变形、车辙、沉陷、波浪等破坏现象，因此要求路面具有足够的刚度，使路面整体和各组成部分的变形量控制在弹性变形范围内。

2.具有足够的稳定性

路面结构袒露在自然环境之中，经受水和温度等影响，使其力学性能和技术品质发生变化，路面稳定性包括以下内容：①高温稳定性：在夏季高温条件下，沥青材料如没有足够的抗高温的能力，会发生泛油、面层软化，在车辆荷载的作用下产生车辙、波浪和推挤，水泥路面则可能发生拱胀开裂。②低温抗裂性：冬季低温条件下，路面材料如没有足够的抗低温能力，会出现收缩、脆化或开裂，水泥路面也会出现收缩裂缝，气温骤变时出现翘曲而破坏。③水温稳定性：雨季路面结构应有一定的防水、抗水或排水能力，否则在水的浸泡作用下，强度会下降，甚至出现剥离、松散、坑槽等破坏。

3. 具有足够的平整度

路面应有良好的平整度，不平整的路面会使车辆颠簸，行车阻力增加影响行车安全和司乘舒适，加剧路面和车辆的损坏，因此，路面应具有与公路等级相适应的平整度。

4. 粗糙度和抗滑性能

路面表层直接接触车轮，路面表层应有一定的粗糙度和抗滑性能，车轮和路面表层间应有足够的附着力和摩擦阻力，保证车辆在爬坡、转弯、制动时车轮不空转或打滑，路面抗滑性不仅对行车安全十分重要，而且对提高车辆的运营效益也有重要意义。

5. 耐久性

阳光的暴晒、水分的浸入和空气氧化作用都会对路面结构和材料产生作用，尤其是沥青材料会出现老化，并失去原有的技术品质，导致路面开裂、脱落，甚至大面积的松散破坏。因此在路面修筑时，应尽可能选用有足够抗疲劳、抗老化、抗变形能力的路用材料，以提高路面的耐久性，延长路面的使用寿命。

6. 尽可能低的扬尘性

汽车在路面上行驶，车身后及轮胎后产生的真空吸力作用将吸引路面表层或其中的细颗粒料而引起尘土飞扬，造成污染并影响行车视距，给沿线居民卫生和农作物造成不良影响，尤其以砂石路面为甚。所以除非在交通量特别小或抢修临时便道的情况下，一般不要用砂石路面结构。

7. 具有尽可能低的噪声

噪声污染也影响居民的正常生活，穿越居民区的公路路面可采用减噪混凝土，以降低噪声。

三、路面施工用材料

路面工程施工中，材料起着至关重要的作用，有些新建公路路面工程出现早期破坏，材料质量是最重要的影响因素。路面结构层所用材料应满足强度、稳定性和耐久性等要求。路面施工需用材料广泛，物理力学性能各异，有些材料适用于路面基层，有些材料适用于路面面层，也有些材料既可用于基层又可用于面层，但技术要求和力学性能指标略有不同，以下对路面工程所用的主要工程材料的分类和基本要求进行分述。

（一）路面材料的分类

路面材料从工程质量控制角度出发，应对集料、结合料质量进行监控，同时也应对路面混合料及辅助材料进行质量监控，只有这样才能更好地保证路面工程质量。

（二）路面材料的基本要求

路面用材料种类繁多，需求量大。路面各结构层使用的材料均应满足强度、稳定性和耐久性的要求，以保证路面各层次质量。选择路面用材料时也应依照因地制宜的原则，但更重要的是各类路面材料必须符合路面各结构层次的技术要求。

1. 基层底基层用材料

（1）水泥

普通硅酸盐水泥、矿渣硅酸盐水泥和火山灰质硅酸盐水泥均可用作基层结合料，但宜选用终凝时间较长的水泥。

（2）石灰

石灰质量应符合建筑生石灰和建筑消石灰规定的合格以上级的生石灰或消石灰的技术指标。

（3）细粒土

无机结合料稳定的细粒土，其技术要求应符合规定。

（4）中粗粒土

级配碎石、未筛分碎石、沙砾、碎石土、煤矸石、沙砾土均可作为路面基层材料，其颗粒直径不宜大于 37.5 毫米。集料压碎值：高速公路和一级公路按结构层次和结构类型一般应不大于 30%，一级公路一般不大于 30% 至 35%，二级及以下公路一般不大于 35% 至 40%。

2. 沥青面层用材料

（1）道路石油沥青

第一，道路石油沥青的质量应符合规范规定的技术要求。经建设单位同意，沥青的 PI 值、60℃动力黏度、15℃延度可作为选择性指标。

第二，沥青路面采用的沥青标号，宜按照公路等级、气候条件、交通条件、路面类型及在结构层中的层位及受力特点、施工方法等，结合当地的使用经验，经技术论证后确定。

（2）乳化沥青

第一，乳化沥青适用于沥青表面处置路面、沥青灌入式路面、冷拌沥青混合料路面，修补裂缝，喷洒透层、黏层与封层等。

第二，乳化沥青的质量应符合相关规范的规定。

第三，乳化沥青类型根据集料品种及使用条件选择。阳离子乳化沥青可适用于各种集料品种，阴离子乳化沥青适用于碱性石料。乳化沥青的破乳速度、黏度宜根据用途与施工方法选择。

第四，制备乳化沥青用的基质沥青，对高速公路和一级公路，宜符合道路石油沥青中 A、B 级沥青的要求，其他情况可采用 C 级沥青。贮存期以不离析、不冻结、不破乳为度，宜存放在立式罐中，并保持适当搅拌。

（3）液体石油沥青

第一，液体石油沥青适用于透层、黏层及拌制冷拌沥青混合料。根据使用目的与场所，可选用快凝、中凝、慢凝的液体石油沥青，其质量应符合相关规范规定。

第二，液体石油沥青宜采用针入度较大的石油沥青，使用前按先加热沥青后加稀释剂的顺序，掺配煤油或轻柴油，经适当的搅拌、稀释制成。掺配比例根据使用要求由试验确定。

（4）煤沥青

第一，道路用煤沥青的标号根据气候条件、施工温度、使用目的选用，其质量应符合相关规范的规定。

第二，各种等级公路的各种基层上的透层，宜采用 T-1 或 T-2 级，其他等级不符合喷洒要求时可适当稀释使用；三级及三级以下的公路铺筑表面处置或灌入式沥青路面，宜采用 T-5、T-6 或 T-7 级；与道路石油沥青、乳化沥青混合使用，以改善渗透性。

第三，道路用煤沥青严禁用于热拌热铺的沥青混合料，做其他用途时的贮存温度宜为 70 至 90℃，且不得长时间贮存。

（5）改性沥青

第一，改性沥青可单独或复合采用高分子聚合物、天然沥青及其他改性材料制作。

第二，各类聚合物改性沥青的质量应符合相关规范的规定，当使用其他聚合物及复合改性沥青时，可通过试验研究制订相应的技术要求。

第三，改性沥青须在固定式工厂或在现场设厂集中制作，改性沥青的加工温度不宜超过 180℃。

（6）粗集料

第一，沥青层用粗集料包括碎石、破碎砾石、筛选砾石、钢渣、矿渣等，但高速公路和一级公路不得使用筛选砾石和矿渣。粗集料必须由具有生产许可证的采石场生产或施工单位自行加工。

第二，粗集料应该洁净、干燥、表面粗糙，质量应符合规范的规定。当单一规格集料的质量指标达不到规范的要求，但按照集料配合比计算的质量指标符合要求时，工程上允许使用。对受热易变质的集料，宜采用经拌和机烘干后的集料进行检验。

第三，粗集料的粒径规格应按照规范的规定选用。破碎砾石应采用粒径大于 50 毫米、含泥量不大于 1% 的砾石乳制，经过破碎且存放期超过 6 个月的钢渣可作为粗集料使用。钢渣在使用前应进行活性检验。要求钢渣中的游离氧化钙含量不小于 3%，浸水膨胀率不小于 2%。

（7）细集料

第一，沥青路面的细集料包括天然砂、机制砂和石屑，其规格应分别符合相关规范要求。

第二，细集料应洁净、干燥、无风化、无杂质，并有适当的颗粒级配。细集料的洁净程度，天然砂以小于 0.075 毫米含量的百分数表示，石屑和机制砂以砂当量（适用于 0 至 4.75 毫米）或亚甲蓝值表示。

第三，热拌密级配沥青混合料中天然砂的用量通常不应超过集料总量的 20%，并且是在不得已情况下经试验论证后才可采用，SMA 和 OGFC 混合料不得使用天然砂。

（8）填料

第一，沥青混合料的矿粉必须采用石灰岩或岩浆岩中的强基性岩石等憎水性石料经磨细得到的矿粉，原石料中的泥土杂质应除净。矿粉应干燥、洁净，能自由地从矿粉仓流出，其质量应符合相关规范的规定。

第二，拌和机的粉尘严禁回收使用。

第三，粉煤灰作为填料使用时，用量不得超过填料总量的 50%，粉煤灰的烧失量应小于 12%，与矿粉混合后的塑性指数应小于 4%，其余质量要求与矿粉相同。高速公路、一级公路的沥青面层不宜采用粉煤灰做填料。

3. 水泥路面用材料

（1）水泥

第一，各等级公路均宜优先选用旋窑生产的道路硅酸盐水泥，确有困难时或中轻交通路面可以使用立窑水泥，低温天气施工或有快速通车要求的路段可采用 R 型早强水泥。各交通等级路面用水泥的抗折强度、抗压强度应符合规范的规定。

第二，水泥进场时每批量应附有化学成分、物理、力学指标合格的检验证明。各交通等级路面所使用水泥的化学成分、物理性能等品质要求应符合规范的规定。

第三，采用机械化铺筑时，宜选用散装水泥。散装水泥的夏季出厂温度：南方不宜高于 65℃，北方不宜高于 55℃；混凝土搅拌时的水泥温度：南方不宜高于 60℃，北方不宜高于 50℃，且不宜低于 10℃。

第四，当混凝土和碾压混凝土用作基层时，可使用各种硅酸盐类水泥。不掺用粉煤灰时，宜使用强度等级 32.5 级以下的水泥。掺用粉煤灰时，只能使用道路水泥、硅酸盐水泥和普通水泥，水泥的抗压强度、抗折强度、安定性和凝结时间必须检验合格。

（2）粉煤灰及其他掺合料

第一，混凝土路面在掺用粉煤灰时，应掺用质量指标符合规定的磨细粉煤灰，不得使用 3 级粉煤灰。贫混凝土、碾压混凝土基层或复合式路面下面层应掺用符合规定的 3 级或 3 级以上粉煤灰，不得使用等外粉煤灰。

第二，粉煤灰宜采用散装灰，进货应有等级检验报告，并了解所用水泥中已经加入的掺合料种类和数值。

第三，路面和桥面混凝土中可使用硅灰或磨细矿渣，使用前应经过试配检验，确保路面和桥面混凝土弯拉强度、工作性、抗磨性、抗冻性等技术指标合格。

（3）粗集料

第一，粗集料应使用质地坚硬、耐久、洁净的碎石、碎卵石和卵石，并应符合规范的规定。高速公路、一级公路、二级公路及有抗（盐）冻要求的三、四级公路混凝土路面使用的粗集料级别应不低于2级，无抗（盐）冻要求的三、四级公路混凝土路面、碾压混凝土及贫混凝土基层可使用 HI 级粗集料。有抗（盐）冻要求时，1级集料吸水率不应大于1.0%；2级集料吸水率不应大于2.0%。

第二，用作路面和桥面混凝土的粗集料不得使用不分级的统料，应按最大公称粒径的不同采用2至4个粒级的集料进行掺配，并应符合合成级配的要求。卵石最大公称粒径不宜大于19.0毫米；碎卵石最大公称粒径不宜大于26.5毫米；碎石最大公称粒径不应大于31.5毫米；贫混凝土基层粗集料最大公称粒径不应小于31.5毫米；钢纤维混凝土与碾压混凝土粗集料最大公称粒径不宜大于19.0毫米。碎卵石或碎石中粒径小于75微米，石粉含量不宜大于1%。

（4）细集料

第一，细集料应采用质地坚硬、耐久、洁净的天然砂、机制砂或混合砂，并应符合规定。高速公路、一级公路、二级公路及有抗（盐）冻要求的三、四级公路混凝土路面使用的砂应不低于2级，无抗（盐）冻要求的三、四级公路混凝土路面、碾压混凝土及贫混凝土基层可使用3级砂。特重、重交通混凝土路面宜使用河砂，砂的硅质含量不应低于25%。

第二，细集料的级配要求应符合规定，路面和桥面用天然砂宜为中砂，也可使用细度模数在2.0至3.5的砂。同一配合比用砂的细度模数变化范围不应超过0.3，否则应分别堆放，并调整配合比中的砂率后使用。

第三，路面和桥面混凝土所使用的机制砂还应检验砂浆磨光值，其值宜大于35，不宜使用抗磨性较差的泥岩、页岩、板岩等水成岩类母岩生产机制砂。配制机制砂混凝土应同时掺入高效减水剂。

第四，在河砂资源紧缺的沿海地区，二级及二级以下公路混凝土路面和基层可使用淡化海砂，缩缝设传力杆混凝土路面不宜使用淡化海砂，钢筋混凝土及钢纤维混凝土路面和桥面不得使用淡化海砂。淡化海砂带入每立方米混凝土中的含盐量不应大于 1.0 千克，碎贝壳等甲壳类动物残留物含量不应大于 1.0 千克。

（5）水

饮用水可直接用作混凝土搅拌和养护用水。如果有质疑，检验硫酸盐含量小于 0.0027 毫克 / 米立方米，含盐量不得超过 0.005 毫克 / 米立方米，pH 值不得小于 4，合格后方可使用。

（6）外加剂

第一，外加剂的产品质量应符合各项技术指标。供应商应提供有相应资质外加剂检测机构的品质检测报告，检验报告应说明外加剂的主要化学成分，认定对人员无毒副作用。

第二，引气剂应选用表面张力降低值大、水泥稀浆中起泡容量多而细密、泡沫稳定时间长、不溶残渣少的产品。有抗冰（盐）冻要求地区，各交通等级路面、桥面、路缘石、路肩及贫混凝土基层必须使用引气剂；无抗冰（盐）冻要求地区，二级及二级以上公路路面混凝土中应使用引气剂。

第三，各交通等级路面、桥面混凝土宜选用减水率大、坍落度损失小、可调控凝结时间的复合型减水剂。高温施工宜使用引气缓凝（保塑）（高效）减水剂；低温施工宜使用引气早强（高效）减水剂。选定减水剂品种前，必须与所用的水泥进行适应性检验。

第四，处在海水、海风、氯离子、硫酸根离子环境或冬期洒除冰盐的路面或桥面钢筋混凝土、钢纤维混凝土中宜掺阻锈剂。

（7）钢筋

各交通等级混凝土路面、桥面和搭板所用钢筋网、传力杆、拉杆等钢筋应符合国家有关标准的技术要求。所用钢筋应顺直，不得有裂纹、断伤、刻痕、表面油污和锈蚀。传力杆钢筋加工应锯断，不得挤压切断；断口应垂直、光圆，用砂轮打磨掉毛刺，并加工成 2 至 3 毫米圆倒角。

（8）钢纤维

用于公路混凝土路面和桥面的钢纤维应满足《混凝土用钢纤维》的规定，单丝钢纤维抗拉强度不宜小于 600 兆帕。钢纤维长度应与混凝土粗集料最大公称粒径相匹配，最短长度宜大于粗集料最大公称粒径的 1/3；最大长度不宜大于粗集料最大公称粒径的 2 倍；钢纤维长度与标称值的偏差不应超过 ±10%。

路面和桥面混凝土中，宜使用防锈蚀处理的钢纤维和有锚固端的钢纤维，不得使用表面磨损前后裸露尖端导致行车不安全的钢纤维和搅拌易成团的钢纤维。

（9）接缝材料

①胀缝板

宜选用适应混凝土面板膨胀和收缩、施工时不变形、弹性复原率高、耐久性好的产品。高速公路、一级公路宜采用塑胶、橡胶泡沫板或沥青纤维板，其他公路可采用各种胀缝板。

②填缝材料

填缝材料应具有与混凝土板壁黏结牢固、回弹性好、不溶于水、不渗水，高温时不挤出、不流淌、抗嵌入能力强、耐老化龟裂、负温拉伸量大、低温时不脆裂、耐久性好等性能。

四、路面施工的基本方法

路面工程是层状结构，路面工程施工的共同点是几乎所有的路面结构（手摆拳石和条石路面等结构除外）都需要拌和混合料、摊铺和压实三道工序，路面工程施工主要有三种方法：人工搅拌法、机械搅拌法、厂拌机铺法。

（一）人工搅拌法

20 世纪 80 年代以前路面工程施工主要采取这种方法，人工摊土（石料）、人工拌和、简易机械压实，基层施工主要有人工翻拌法、人工筛拌法等，沥青面层施工主要有沥青灌入式和人工冷拌沥青混合料、使用炒盘人工拌和沥青混合料等。其主要的特点是：用工数量大，劳动强度大，工作效率低，工程质量受人为因素影响大，且质量不稳定，安全生产和防护措施比较严格，安全生产难度大。

（二）机械搅拌法

20 世纪 80 年代以后，我国开始引进德国生产的宝马牌搅拌机，路面基层施工开始机械搅拌法为主的施工方法，其操作是以人工或机械分层摊铺各种路用材料，然后用搅拌机械拌和，整形后碾压成形，也是目前路面底基层和二级以下公路路面基层常用的施工方法。其主要特点是：用人工数量大大减少，混合料拌和质量较好，但如不严控拌和深度，易出现素土夹层。对于高速公路和一级公路除直接和土基相邻的路面底基层外，不宜采用机械搅拌法施工，而应采取厂拌机铺法施工。

（三）厂拌机铺法

随着高速公路的快速发展，无机结合料稳定粒料路面基层得到广泛的应用，这种结构多使用厂拌机铺法，此外，沥青碎石和沥青混凝土路面的施工，水泥混凝土路面的施工，也采用厂拌机铺法，即用专门的厂拌机械拌制混合料，用专门的摊铺机械摊铺路面的施工方法。其主要特点是：机械化程度高，混合料配比准确，厚度控制、高程控制比较直观，但需要大量的自卸运输车辆。

五、路面工程试验路段

在进行大面积施工之前，修筑一定长度的试验路段是很必要的，在高速公路与一级公路的工程实践中，施工单位通过修筑试验路段，进行施工优化组合，把施工中存在的问题找出来，并采取措施予以克服，提出标准的施工方法和施工组合用来指导大面积施工，从而使整个工程施工质量高、进度快。

修筑试验路段的任务是：检验拌和、运输、摊铺、碾压、养生等拟投入设备的可靠性；检验混合料的组成设计是否符合质量要求及各道工序的质量控制措施；提出用于大面积施工的材料配比和松铺系数；确定每一作业段的合适长度和一次铺筑的合理厚度；对于沥青混合料还应提出施工温度的保障措施，水泥稳定类混合料还应提出在延迟时间内完成碾压的保证措施等；最后确定标准施工方法。标准施工方法主要内容应包括：集料与结合料数量的控制与计量方法；摊铺方法；合适的拌和方法：拌和深度、拌和速度、拌和遍数；混合料最佳水量控制方法；沥青混合料油石比的控制方法；整平和整形的合适机具与方法；平整度及厚度的控制方法；压实机械的组合、压实顺序、速度和遍数；压实度的检查方法和对比试验，机械的选型与配套，自卸车辆与摊铺机械的配合等。

第七节　市政道路沥青路面施工

一、市政道路沥青路面施工技术

（一）市政道路沥青路面施工技术的要点

沥青路面施工是指将矿石等材料与路面专用沥青混合，再将混合物通过平整设备铺筑成路面结构的施工工艺。目前的路面施工处理主要分为单层、双层和三层表面处理技术。市政道路沥青路面施工主要包含以下几个要点：

（1）沥青路面要具有较高的平整性。选用抗压强度高的沥青原料，使用平整效果好的压筑设备，保障路面不会出现裂缝、下陷等问题。

（2）沥青路面要易于养护。对压实的沥青路面做严格的表面处理，保障路面的层次架构科学，能够有效应对路面的车辆压力。

（3）沥青路面要具有良好的防尘效果。选用多样化的矿石原料，增强沥青路面的强度，提高路面的光洁程度，降低灰尘和水对路面的影响，保障路面通行车辆的视野不受路面灰尘的影响。

（二）市政道路沥青路面施工中存在的问题

当前的市政道路沥青路面施工相对于过去来说，在施工流程上、施工质量上都有明显的进步，但是受到人员、技术、管理等多方面的限制，当前的市政道路沥青路面施工中也存在着许多问题：

（1）一些施工团队没有充分认识到施工准备的重要性，在施工前，只是简单地领取物料和设备，没有对原料的质量、人员的组成、设备的运行状况等进行严格的审查，导致实际铺设效果与工程预期效果差距较大。

（2）一些市政道路沥青路面施工方使用不合格的原料，尤其是石料、土工布、沥青等关键的原材料，导致路面的硬度与刚度都无法达到技术要求，造成后期的返工与维修频繁。

（3）目前很多市政道路沥青路面施工方的施工流程仍然比较混乱。一些具体的施工人员从事路面铺设的时间比较短，没有很好地掌握施工技术。施工现场缺乏专门的技术人员进行监督与指导。

（4）一些市政道路沥青路面施工方在道路施工作业结束之后没有及时对道路铺设的质量进行检验，或检验、检测的项目过于简单，没有从本质上发现路面存在的隐患，给后期的维修造成了负面影响。

（5）很多市政道路沥青路面施工方长期使用传统的道路施工工艺，没有及时引进最新研究成果，对新材料、新设备、新技术知之甚少。路面施工的设计，也没有根据目前的道路交通发展情况进行调整。

（三）优化市政道路沥青路面施工技术的对策

1.进行充分的施工前准备

市政道路沥青路面施工的准备工作，主要分为以下两个方面：一方面，施工人员在施工前要进行充分的机械参数调整。①调整沥青洒布机的机械参数，保障洒布的密度与工程计划的要求一致；②调整矿料洒布机的机械参数，保障矿料的洒布厚度与沥青的密度相匹配；③调整压路机、土工布摊铺机等其他关键设备的机械参数，保障其机械性能良好，并与施工方案相适应。另一方面，施工人员在正式施工前，要进行充分的原路面处理。

2.严格把控施工原料

原料的质量直接影响了市政道路沥青路面施工的质量。首先，要进行充分的室内试验测试，按照原料的数量、质量、配比、施工方式，设计具体的施工方案，并进行细致的原料调配。其次，要在室内试验的结果上，进行充分的试验路面铺设，以检查室内试验方案的效果。对于有问题的方案，要及时进行调整，尤其要注意检测矿石、碎石等原材料的实际抗压性能。最后，要根据两次实验的方案确定最终的原料使用与配比方案，以提高沥青路面施工的科学性与合理性。

3.优化施工流程管理

市政道路沥青路面施工的流程管理优化，主要从以下几个技术层面入手：

（1）优化沥青路面的磨耗层处理

磨耗层是沥青路面的保护层，磨耗层的铺筑，有助于沥青路面在日常使用中始终保持结构的稳定性。磨耗层的施工技术优化要注意以下几个要点：优化基层材料的选择，选择高强度的水泥，调整水泥的水灰比，优化石灰、碎石等材料的抗压性能；保障路面的基层材料在磨耗层的保护下能够长时间保持稳定，优化沥青路面的表面处理技术，在不同的路面基层或旧的路面上喷洒一层薄薄的沥青，提高路面的抗磨耗性能。

（2）加强沥青路面的封闭层修筑

封闭层的修筑主要是为了增强路面的防水性能。雨水、冰雪融水等，对市政路面的伤害进程缓慢，但时间持久。长时间的水分渗入会导致路面的结构破坏，不同层次的路面结构发生渗透等现象，会影响沥青路面的整体强度，导致路面的抗压性降低。要想优化封闭层的施工，一方面要用空气隔绝技术对铺筑路面的沥青材料进行表面处理，减少路面与水、空气接触的面积；另一方面要封闭路面上的间隙，减少路面向外的水分蒸发，减少沥青材质与空气之间的水分交换，延长路面的使用寿命。

（3）提高沥青路面的防滑施工技术

市政道路沥青路面的防滑施工，是影响车辆通行安全性的最主要因素。一些路段由于长期磨损造成路面防滑性下降，导致车辆非常容易打滑、侧翻、追尾，严重影响了市民的生命财产安全和城市道路的通畅。优化防滑施工技术的措施如下：第一，对于市政道路沥青路面被磨损的部分，要及时进行水泥混凝土表面处理，利用智能检测设备，对路面的摩擦系数进行检测：第二，根据检测所得的路面损坏结果，利用单层沥青表面处理方法，对摩擦系数严重下降的路面进行二次喷涂，并在施工后及时进行试通行检测。

（4）细化道路施工检测

道路施工检测主要包含以下几方面的内容：第一，检测路面施工的环境温度，保障施工当天的平均温度超过15℃，避免在超低温天气施工。注意检测施工后保养阶段的气温，保障沥青路面可以有效升温。第二，检测沥青路面施工过程中原料的流动性、施工设备的洒布温度，保障沥青的黏结性始终在有效范围之内。第三，根据"旧路处理—洒布第一层沥青—铺土工布—碾压—洒布第二层沥青—洒布碎石—再碾压"的流程，对施工过程进行监控，及时纠正施工人员的错误行为。

（5）加强对路面耐久性的数据分析

路面施工之后，各项物理参数与化学参数，是路面施工质量的直接体现。因而，技术人员要在施工结束后，检测沥青路面施工之后路面的平整度、构造深度、摩擦系数和渗水系数。详细分析沥青结合料的性质，分析石料的用量与沥青的用量是否达到最优配比。

综上所述，市政道路沥青路面施工技术的优化，要从流程控制、原料控制、检验检测等几个方面入手。从本书的分析可知，研究市政道路沥青路面施工技术，能够提高城市建设部门对交通道路施工中问题的重视程度，提高市政道路沥青路面施工的有效性，降低路面维修的成本，促进城市的可持续发展。因而，市政道路施工人员要加强理论知识的学习，在实践中探索优化施工技术的方案。

二、市政道路水泥混凝土路面施工技术

在我国城市化进程中，机动车数量与日俱增，为市政道路建设带来了巨大的压力，只有对市政道路进行科学合理的规划，才能保证最终的建设质量，实现预期的效益目标。而水泥混凝土路面在市政道路建设中应用较多，其不仅稳定性强，且使用年限较长，施工便利。我们应该严格控制市政道路水泥混凝土路面施工质量，从整体上提升市政道路建设质量。

（一）水泥混凝土路面的优缺点分析

1. 水泥混凝土路面的优点

第一，与其他路面相比，水泥混凝土路面抗压强度更高，能够满足市政道路建设各项要求。第二，水泥混凝土路面稳定性和耐用性较强，美观耐用，并与沥青等路面不一样，在长时间使用中不会发生老化，甚至还可以逐步提升强度，这是其他路面不具备的优点。第三，水泥混凝土路面能够保证行车安全，对夜间行车非常有利，这是因为水泥混凝土路面光泽性较强，可以为夜间行车的司机提供安全保障。

2.水泥混凝土路面的缺点

第一，在市政道路建设中应用水泥混凝土路面，水泥或混凝土原材料使用量较大，因而需要投入更多的资金，否则建设工作将受到阻碍。第二，水泥混凝土路面将产生接缝，对施工造成巨大的影响，增加施工与养护的难度。第三,一旦水泥混凝土路面发生损坏现象，就很难进行有效的修复，因为水泥混凝土路面坚硬度较高，开挖难度较大，极大增加了修复工作难度。

（二）市政道路水泥混凝土路面施工技术要点

1.路面摊铺

在水泥混凝土路面摊铺之前，应该认真开展检查工作，主要检查内容有基层平整度、模板间隔、钢筋位置等。混凝土混合料配比结束后，通过运输车把混合料运输至摊铺区域，并在基层中置入所有混凝土，若是摊铺期间水泥混凝土路面出现缺陷，应及时采取人工方法查找缺陷；若混凝土出现离析现象，则应使用工具对混凝土进行翻拌，此时应该注意避免选择耙楼或抛掷的方法，防止混凝土离析引起的施工质量降低。水泥混凝土路面摊铺通常一次性完成，摊铺的时候应该将松铺厚度预留好，便于之后振捣工序顺利开展，促进市政道路建设质量的提升。

2.振捣技术

在市政道路水泥混凝土路面摊铺结束后，应用平板振捣器等振捣混凝土，一般在振捣板面与钢筋处设置插入式振捣器，在平面路面上使用平面振捣器，作用深度通常在23厘米左右。振捣期间要使用插入式振捣器完成一次振捣操作。要想防止漏振，插点的间距应该维持均匀，而进行振捣时若要移动振捣器，应该采用旋转交错的方法，每个位置振捣时间至少为20秒。在进行平面振捣的时候，主要使用平面振捣器对相同位置进行振捣，此时混凝土水灰比若在 0.44 以下，则振捣时间必须超过 30 秒，如果水灰比在 0.44 以上，则振捣时间应该控制在 16 秒以上。之后要时刻注意混凝土情况，若混凝土发生泛浆，没有气泡冒出，则应使用振捣梁使混凝土能够被拖拉振实。为了赶出混凝土内所有的气泡，应该往返拖拉振动梁至少 4 次。在市政道路水泥混凝土路面施工期间，若出现不平地点，要采取人工方法做出填补。若是水泥混凝土路面平整度与相关标准不符，需要及时处理。

3. 路面接缝技术

接缝环节对水泥混凝土路面施工质量影响很大，是一个重要而关键的环节，若是施工期间忽视了这个环节，那么将对市政道路建设产生十分不利的影响。在进行接缝处理的时候，应该将纵向裂缝处理好，处理时应严格执行相关标准与规范。对于纵向施工缝的拉杆设计来说，要在立模后、混凝土浇筑前穿过模板拉杆孔进行设置。对于纵缝槽施工来说，要以混凝土压强超过 7 兆帕为基础，并开展锯缝机弯沉锯切工作，形成缝槽。

当然，要根据施工现场试锯夹角决定最终的混凝土压强。横缝的处理应该在混凝土完全硬化后进行。若是条件不允许，应该在新浇筑混凝土内进行压缝处理。而在进行夏季施工的时候，应该第一时间处理锯缝，一般来说每隔 2 至 4 块板需要压一条缝或锯一条缝，这样能够防止混凝土在浇筑期间出现未锯先裂的状况，最大限度减少对混凝土带来的不利因素。不仅如此，在对接缝进行处理的时候，要保证路面中线和膨胀裂缝垂直，且缝隙应该保持竖直，不能存在连浆，要将帐篷板设置在缝隙之下，而缝隙上面需要灌封缝料。在对膨胀板进行处理的时候，应该及时做出预制，并以缝隙干燥、整洁为基础，使用海绵橡胶泡沫板或软木板来预制膨胀缝，让膨胀缝与缝壁密切结合起来。

4. 路面修整与防滑

在浇筑完水泥混凝土路面以后，在混凝土终凝之前应采取机械方式将路面表面铲平或抹平，如果有机械处理不到位，需要采取人工方式来找补。在市政道路水泥混凝土路面施工期间，若以人工方式抹光，不仅工作量较大，还会使混凝土表面混入水泥、水和细砂等材料，使混凝土表面强度下降。对此，要利用机械进行抹光，在机械上设置圆盘，这样能够实现粗光，若是需要精光，需要安装细抹叶片。要想提升路面车辆行驶的安全性，市政道路水泥混凝土表面抗滑能力要强，因此应严格执行以下抗滑标准：新铺水泥混凝土路面行驶车辆速度为 45 千米 / 小时，摩擦系数要超过 0.45，若车速为 50 千米 / 小时，则摩擦系数要超过 0.4。施工期间要通过棕刷进行横向磨平处理，并轻轻刷毛，或者是采用金属丝橙子形成 1 至 2 毫米的横槽。现阶段一般使用桶梢机来割锯路面，且割锯的小横槽间距是 20 毫米、宽是 2 至 3 毫米、深是 5 至 6 毫米。

5. 养护与填缝

混凝土板浇筑结束后应该第一时间做好养护工作，这样能使水泥混凝土拌合料的水化稳定性与水解强度得到提升，并避免产生裂缝。一般来说养护时间在 2 至 3 周，混凝土在养护与封缝之前应该封道，不能通行车辆，设计强度为要求的 40% 后要允许行人通行。养护措施如下：在混凝土表面强度符合相关标准以后，使用手指轻压路面，若不出现压痕，需要在混凝土的表面、边侧等处覆盖草垫或湿麻袋，这种措施能够避免混凝土受到天气变化的影响。在养护的过程中，还应结合天气情况不定时洒水，让草垫或麻袋始终处于湿润的状态。

(三) 市政道路水泥混凝土路面病害预防措施

若市政道路水泥混凝土路面发生病害，将严重影响市政道路最终使用功能，对人们的出行与社会经济的发展带来不利影响。因此，我们需要坚持"预防为主"的理念，在规划与施工期间充分考虑各个环节的内容，降低出现病害的概率。我们要科学合理地确定路基尤其是底层的参数，主要包括回弹模量、含水率、液限和现场承载力等，让施工值和规划值保持一致，同时让规划值与现场客观实际保持一致。这就要求我们认真开展参数现场实践测定等工作，加大路基施工处理力度。施工单位要做好自检工作，不仅要确保路基符合设计的压实度，还要均匀压实。如果为半填半挖路基，应该重视对挖、填等结合处的碾压。只有做好以上工作，才能避免水泥混凝土路面出现病害，并从整体上提升市政道路建设水平。

总之，市政道路水泥混凝土路面施工技术比较复杂，内容较多，难度较高，为提升施工质量与效率，需要把握好各个环节的质量控制措施，减少问题与安全隐患。因此我们要结合实际工作经验，掌握市政道路水泥混凝土路面施工要点，不断对各个方面的内容进行规范，这样才能达到预期要求，提升市政道路建设质量，为我国的经济发展作出应有的贡献。

三、施工前的准备工作

施工前的准备工作主要有确定料源及进场材料的质量检验、检查施工机械、铺筑试验路段等。

1. 确定料源及进场材料的质量检验

在沥青混凝土路面建设过程中，材料起着至关重要的作用。有些新建的高速公路沥青混凝土路面之所以会出现早期损坏，材料问题是重要原因。因此，在沥青混凝土路面施工过程中，应严把材料关，以试验为依据，严格控制材料质量。沥青混凝土路面使用的各种材料运至现场后，必须取样进行质量检验，经评定合格后方可使用。不得以供应商提供的检测报告或商检报告代替现场检测，以防止因使用不符合要求的材料而造成损失的情况发生。

（1）沥青材料

沥青材料的选用应在全面了解各种沥青料源、质量及价格的基础上，从质量和经济两个方面综合考虑。对每批进场的沥青，均应检验生产厂家所附的试验报告，检查装运数量、装运日期、订货数量、试验结果等。对每批沥青进行抽样检测，试验中如有一项达不到规定要求，应加倍抽样试验。如仍不合格，则应退货并提出索赔。沥青材料的试验项目有针入度、软化点、薄膜加热、蜡含量、比重等。有时根据合同要求，可增加其他非常规测试项目。

沥青材料的存放应符合下列要求：沥青运至沥青厂或沥青加热站后，应按规定分批检验其主要性质指标是否符合要求，不同种类和标号的沥青材料应分别储存，并加以标记；临时性的储油池必须搭盖棚顶。并应疏通周围的排水渠道，防止雨水或地表水进入池内。

（2）集料

集料质量差是目前公路建设中特别严重的问题，突出表现是材料脏、粉尘多、针片状颗粒含量高、级配不良等，经常达不到规范要求。我国公路部门的集料多半取自社会料场，国有企业、乡镇企业、个体企业都有，各料场的质量、规格参差不齐，使用时离析严重，导致实际级配与配合比与设计有很大的差距，这是造成沥青混凝土路面早期损坏的重要原因。

集料的准备应符合下列要求：不同规格的集料应分别堆放，不得混杂，有条件时应加盖防雨顶棚；各种规格的集料运达工地后，应对其强度、形状、尺寸、级配、清洁度、潮湿度进行检查。如尺寸不符合规定要求，应重新过筛；若有污染，应用水冲洗干净，干燥后方可使用。集料质量的控制主要从粗集料、细集料、填料（矿粉）和纤维稳定剂几个方面进行。

粗集料的选择应遵循就地取材的原则，注重集料的加工特性，重点检查石料的技术标准能否满足要求，如石料等级、保水抗压强度、磨耗率、磨光值、压碎值等，以确定石料料场。实际中，有些石料虽然达到了技术标准中的要求，但不具备开采条件，在确定料场时也应慎重考虑。在各个料场采集样品，制备试件并进行试验，考虑经济性等问题后确定料场。在选择集料时，勿过分迷信玄武岩。有人认为表面层非玄武岩不能使用，当地没有就去外地买，对当地的石料如辉绿岩、安山岩、闪长岩、石灰岩等质量很好的石料视而不见，特别是花岗岩、砂岩等酸性石料。实际上，只要采取掺加消石灰或抗剥落剂等技术措施，酸性石料也具有较好的应用效果，且玄武岩未必都好，有的吸水率很大，受热稳定性并不好。

细集料的质量是确定料场的重要指标，进场的机制砂、天然砂、石屑应满足规定的质量要求。细集料应洁净、干燥、无风化、无杂质，并有适当的颗粒级配，其中最重要的是洁净。为保证细集料的质量，并从保护环境的角度来看，机制砂是今后细集料的发展方向。

填料（矿粉）必须为石灰岩或岩浆岩中的强基性岩石等憎水性石料经磨细得到的矿粉，原石料中的泥土杂质应除净。矿粉应干燥、洁净，能自由地从矿粉仓流出。拌和机的粉尘可作为矿粉的一部分进行回收使用，但每盘用量不得超过填料总量的25%，掺有粉尘填料的塑性指数不得大于4，当采用粉煤灰作为填料使用时，用量不得超过填料总量的50%，粉煤灰的烧失量应小于12%，与矿粉混合后的塑性指数应小于4，其余质量要求与矿粉相同。高速公路、一级公路的沥青面层不宜采用粉煤灰做填料。

纤维稳定剂宜选用木质素纤维、矿物纤维等。其掺加比例以其占沥青混合料总量的质量百分率计算。通常情况下，用于SMA路面的木质素纤维不宜低于0.3%，矿物纤维不宜低于0.4%，必要时可适当增加纤维用量。纤维掺加量的允许误差宜不超过±5%。纤维应存放在室内或有棚盖的地方，松散纤维在运输及使用过程中应避免受潮、结团。使用纤维时必须符合环保要求，不危害身体健康。矿物纤维宜采用玄武岩等矿石制造，易影响环境及造成人体伤害的石棉纤维不宜直接使用。

2.检查施工机械

沥青混凝土路面施工前，应对各种施工机械做全面检查。具体检查项目为：

（1）检查洒油车的油泵系统、洒油管道、量油表、保温设备等有无故障，并将一定数量的沥青装入油罐，在路上试洒，校核其洒油量。每次喷洒前应保持喷油嘴干净，管道畅通。喷油嘴的角度应一致，并与洒油管成15°至25°的夹角。

（2）检查矿料撒铺车的传动和液压调整系统，并应事先进行试撒，以确定撒铺每一种规格矿料时应控制的间隙和行驶速度。

（3）检查沥青混合料拌和与运输设备。拌和设备在开始运转前要进行一次全面检查，注意各个连接部件螺栓连接的紧固情况，传动链的张紧度，搅拌器内有无积存余料，振动筛筛网规格及网面有无破损，冷料运输机是否运转正常和有无跑偏现象；仔细检查沥青、燃油、导热油和压缩空气供给系统是否畅通，是否有漏沥青、漏油漏气现象；注意检查沥青拌和设备的电气系统；检查运输车辆是否符合要求，保温设施是否齐全。

（4）检查摊铺机的规格和主要机械性能，如振捣板、振动器、熨平板、螺旋摊铺器、离合器、刮板送料器、料斗闸门、厚度调节器、自动调平装置，并检查纵坡、横坡控制器的灵敏性，是否正常工作。

作业前，应使用喷雾器向接料斗推滚、刮板送料器、螺旋摊铺器及熨平板等可能黏着沥青混合料的部位喷洒柴油，但严禁在熨平板预热时喷洒柴油。

（5）检查压路机的规格和主要机械性能（如转向、启动、振动、倒退、停驶等方面的能力）及滚筒表面的磨损情况；检查发动机冷却水量、机油量、液压油量是否符合压路机的使用要求；检查燃油量、喷水水箱的水量是否充足，保证能够顺利完成当天的生产任务。

3. 铺筑试验路段

（1）铺筑试验路段的目的

铺筑沥青混合料道路时一般就地取材。每个地区的材料性能和特点各不相同，在进行道路设计时，要根据现有的材料确定矿料的级配、沥青用量。道路施工时，各个施工单位使用的设备不同。随着施工技术的不断发展，新技术、新工艺、新材料、新设备不断应用。

铺筑试验路段的目的：

①为了减少不定因素造成的风险，防止道路铺筑后产生缺陷。

②通过铺筑试验路段，对采用的新技术、新工艺、新材料、新设备进行综合验证和评定。待各项指标完全满足设计要求后，才能正式摊铺施工。

③通过试验路段的作业，总结出全套的作业参数，供正式施工时参照执行。

（2）铺筑试验路段的要求

铺筑试验路段绝不是一种形式，必须达到所要求的目的。具体应满足以下要求：

①高速公路和一级公路在正式施工前，都应铺筑试验路段；

②其他等级的公路，在缺乏施工经验或使用新材料新设备、新施工方法时，也应铺筑试验路段；

④只有施工单位、材料、机械设备以及施工方法都相同时，才能用已有的经验施工，无须铺筑试验路段；

④试验路段的长度一般为100至200米；

⑤为了确保试验结果准确，应选择直线路段进行试验；

⑥沥青混合料路面的每个结构层都要铺筑试验路段；

⑦确定各层试验路段位置时，不能在同一地段。

（3）通过试验路段应得到的数据

热拌热铺沥青混合料路面试验路段的铺筑分试拌及试铺两个阶段，通过试验路段应得到以下数据：

①验证设计阶段取得的沥青混合料配合比数据，如目标配合比、生产配合比等数据是否满足设计要求。

②对施工准备阶段设定的沥青拌和站的各项参数进行验证，包括拌和时矿料的加热温度、沥青的加热温度、混合料的拌和时间及其他设备生产参数，测量混合料的出厂温度，还要测算拌和站的实际生产率。

③测量运输车将混合料运达现场后混合料的温度、运输过程所用的时间、运输车数量是否满足施工要求。

④验证各种施工机械的性能是否满足施工质量要求，施工机械的数量是否足够，施工机械匹配是否合理，全套施工机械是否能够满足均衡生产的要求；设备的技术状况是否可靠，性能是否达到最佳稳定运转状态。

⑤测量摊铺机的摊铺温度、松铺系数、摊铺机的各项作业数据。

⑥测量压路机初压时混合料的温度，复压时混合料的温度，复压遍数后终压时混合料的温度及碾压过程所用的时间。使用振动压路机时，比较各振动频率和振幅的碾压效果，确定最佳振动频率和振幅参数。

⑦进行路面渗水系数试验，检查路面沥青混合料的防水性能。

⑧建立用钻孔法与核子密度仪无破损检测路面密度的对比关系，确定压实度的标准检测方法。核子密度仪等无破损检测在碾压成型后的热态条件下测定，取13个测点的平均值为1组数据，一个试验路段不得少于3组；钻孔法在第2d或第3d以后测定，钻孔数不少于12个。

试验路段的铺筑应由有关各方共同参加，及时商定有关事项，明确试验结论。铺筑结束后，施工单位应就各项试验内容提出完整的试验路段施工、检测报告，取得业主或监理的批复。

热拌沥青混合料路面施工工艺包括混合料的拌和、运输、摊铺、压实及接缝处理等。铺筑沥青层前，应检查基层或下卧沥青层的质量，不符合要求的不得铺筑沥青面层。旧沥青路面或下卧层已被污染时，必须清洗或经铣刨处理后方可铺筑沥青混合料。以下对热拌沥青混合料路面的各施工工艺分别进行阐述。

四、沥青混合料摊铺技术

1.准备工作

（1）下承层的准备

沥青混合料的下承层（即前一层）是指基层、联结层或面层下层。虽然下承层完成之后已进行过检查验收，但在两层施工的间隔很可能因某种原因，如雨天、施工车辆通行或其他施工干扰等，使其发生不同程度的损坏，如基层可能会出现弹软、松散或表面浮尘等，因此需对其进行维修。沥青类联结层下层表面可能被泥泞污染，必须将其清洗干净。下承层表面出现的任何质量缺陷，都会影响到路面结构的层间结合强度，以致影响路面整体强度。特别是当桥头及通道两端基层出现沉陷时，应在两端全宽范围内进行挖填处理（在一定深度与长度范围内重新分层填筑与压实），并在两端适当长度内，线型略向上抬起0至3厘米，使线型"饱满"。对下承层的缺陷进行处理后，即可洒透层油或黏层油。

①透层油。为使沥青面层与非沥青材料基层结合良好，沥青路面各类基层上都必须喷洒透层油。根据基层类型选择渗透性好的液体沥青、乳化沥青、煤沥青作透层油，喷洒后通过钻孔或挖掘确认透层油渗入基层的深度宜不小于5（无机结合料稳定集料基层）至10毫米（无结合料基层），并能与基层联结成一体。

②黏层油。黏层油使上、下层沥青结构层或沥青结构层与结构物（或水泥混凝土路面）完全黏结成一个整体。黏层油宜采用快裂或中裂乳化沥青、改性乳化沥青，也可采用快、中凝液体石油沥青，其规格和质量应符合规范中的要求，所使用的基质沥青标号宜与主层沥青混合料相同。一般符合下列情况之一时，必须喷洒黏层油。

a. 双层式或三层式热拌热铺沥青混合料路面的沥青层之间；

b. 水泥混凝土路面、沥青稳定碎石基层或旧沥青路面层上加铺沥青层；

c. 路缘石、雨水口、检查井等构造物与新铺沥青混合料接触的侧面。

在洒布黏层油时应注意以下事项：

a. 黏层油宜采用沥青洒布车喷洒，并选择适宜的喷嘴，洒布速度和喷洒量要保持稳定；气温低于10℃和路面潮湿时不得喷洒黏层油；寒冷季节施工不得不喷洒时，可以分成两次喷洒；用水洗刷后需待表面干燥后再喷洒。

b.喷洒的黏层油必须呈均匀雾状，在路面全宽范围内均匀分布成一薄层，不得漏空或呈条状，也不得堆积。喷洒不足的要补洒，喷洒过量处应予以刮除。喷洒黏层油后，严禁除运料车外的其他车辆和行人通过。

c.黏层油宜在当天洒布，待乳化沥青破乳、水分蒸发完成，或稀释沥青中的稀释剂基本挥发完成后，再铺筑沥青层，以确保黏层不受污染。

（2）施工放样

施工放样必须超前于摊铺施工，要尽可能减少放样误差。施工放样包括标高测定与平面控制两项内容。

标高测定的目的是确定下承层表面高程与原设计高程相差的确切数值，以便在挂线时纠正到设计值或保证施工层厚度。根据标高值设置挂线标准桩，借以控制摊铺厚度和标高。无自控装置的摊铺机不存在挂线问题，但应根据所测的标高值和本层应铺厚度综合考虑确定实铺厚度，用适当垫块或定位螺旋调整就位。为便于掌握铺筑宽度和方向，还应放出摊铺的平面轮廓线或设置导向线。

标高放样时应考虑下承层的标高差值（设计值与实际标高值之差）、厚度和本层应铺厚度。综合考虑后定出挂线桩顶的标高，再打桩挂线。当下承层的厚度不够时，应在本层内加入厚度差并兼顾设计标高。如果下承层的厚度足够而标高低，则应根据设计标高放样。如果下承层的厚度与标高都超过设计值，则应按本层厚度放样。若下承层的厚度和标高都不够，则应按差值大的为标准进行放样。总之，标高放样不但要保证沥青路面的总厚度，而且要考虑使标高不超出容许范围。当两者矛盾时，应以满足厚度为主考虑放样，放样时计入实测的松铺系数。

（3）摊铺机的准备

热拌沥青混合料应采用沥青摊铺机摊铺。在喷洒过黏层油的路面上铺筑改性沥青混合料或 SMA 时，宜使用履带式摊铺机。摊铺机的受料斗应涂刷薄层隔离剂或防黏结剂。铺筑高速公路、一级公路沥青混合料时，一台摊铺机的铺筑宽度不宜超过 6（双车道）至 7.5 米（3 车道以上），通常宜采用两台或两台以上摊铺机前后错开 10 至 20 米呈梯队方式同步摊铺。两幅之间应有 30 至 60 毫米宽的搭接，并躲开车道轨迹带，上、下层的搭接位置宜错开 200 毫米以上。

2. 摊铺机施工作业

（1）摊铺机的作业速度

摊铺机的作业速度对摊铺机的作业效率和摊铺质量影响极大。正确选择作业速度是加快施工进度，提高摊铺质量的重要手段。如果摊铺机时快时慢、时开时停，将导致熨平板受力系统平衡变化频繁，会对铺层平整度和密实度产生很大影响：过快则铺层疏松，供料困难；停机会使铺层表面形成台阶状，且料温下降，不易压实。

摊铺机必须缓慢、均匀、连续不间断地摊铺，不得随意变换速度或中途停顿，以提高平整度，减少混合料的离析。摊铺速度可根据混合料的供给能力、摊铺宽度和厚度确定。一般情况下，摊铺速度宜控制为 2 至 6 米 / 分钟。对于改性沥青混合料及 SMA 混合料，宜放慢至 1 至 3 米 / 分钟。当发现混合料出现明显的离析、波浪、裂缝、拖痕时，应分析原因并予以消除。

（2）摊铺机的调平方式

现代沥青混合料摊铺机有完善的自动调平装置，包括纵坡调平和横坡调平两种调平装置。纵坡调平装置是在摊铺机侧的地面上设置一条水平的纵坡基准线作为参照物，摊铺机作业时比照该基准线摊铺，使该侧摊铺始终保持设定高度。横坡调平装置是在纵坡控制的基础上进行控制的。当熨平板的一侧用纵坡控制保持设定高度后，横坡调平装置可使熨平板保持横向水平，使铺筑的路面成为一个水平面。横坡调平装置也可使熨平板始终保持一定的横向坡度，以满足道路横向路拱的坡度要求。使用时可根据需要采用纵坡和横坡配合控制，也可以选择使用两个纵坡控制。

纵坡基准是摊铺机能够摊铺出平整路面的基础，分为绝对高程基准和地面平均高程基准。在实际施工中，绝对高程基准适用于摊铺下面层和中面层，以保证路面各个部位的高程；地面平均高程基准适用于摊铺表面层，使摊铺表面圆润、平滑，以提高车辆行驶的舒适性。绝对高程基准包括钢丝绳基准、铝合金梁基准、路缘石基准等，一般应在摊铺施工前在地面上设置。地面平均高程基准包括拖梁基准、滑靴平衡梁基准、多足式基准梁基准、大型平衡梁基准、声呐平衡梁基准等。其中，声呐平衡梁是通过声呐测量地面的平整度，采用非接触测量，也称为非接触式平衡梁。一般情况下，摊铺机应采用自动调平方式。下面层或基层宜采用钢丝绳引导的高程控制方式，上面层宜采用平衡梁或雪橇式摊铺厚度控制方式，中面层根据情况选用找平方式。直接接触式平衡梁的轮子不得黏附沥青，铺筑改性沥青或 SMA 路面时宜采用非接触式平衡梁。

（3）摊铺温度

沥青路面施工必须有施工组织设计，并保证合理的施工工期。寒冷季节遇大风降温，不能保证迅速压实时不得铺筑沥青混合料。热拌沥青混合料的最低摊铺温度根据铺筑层厚度、气温、风速及下卧层表面温度按规范执行。

五、沥青混合料的压实技术

压实是沥青混凝土路面施工的最后一道工序，目的是提高沥青混合料的强度、稳定性以及疲劳特性。若采用优质的筑路材料，精良的拌和与摊铺设备及良好的施工技术，则可以摊铺出较理想的混合料层。但一旦碾压中出现任何质量缺陷，则必将前功尽弃。因此，必须重视压实工作。

1.压实机械的选择

压路机种类很多，目前最常用的压路机有静力光轮压路机、轮胎压路机和振动压路机。静力光轮压路机和轮胎压路机一般采用机械传动，振动压路机大多采用液压传动。

（1）静力光轮压路机

静力光轮压路机按其质量可分为特轻型（0.5至2吨）、轻型（2至5吨）、中型（5至10吨）、重型（10至15吨）和特重型（15至20吨）5种，按轮数可分为拖式、双轮式和三轮式3种。目前使用较多的是中型和特重型两轮或三轮压路机，依靠其自重或附加配重对路面产生静压力，单位直线静压力为4000至12000千帕。两轮静力光轮压路机的后轮为驱动轮，其质量般为8至10吨，适用于沥青路面的初压和终压。三轮静力光轮压路机也是两后轮为驱动轮，质量一般为12至18吨，由于其单位直线静压力大，易使混合料推移，且启动、停机不灵活，目前已不多用。

（2）轮胎压路机

轮胎压路机通常有5至11个光面橡胶碾压充气轮胎，工作质量一般为5至25吨。目前常用前5轮、后6轮的9至16吨机型，轮胎压力为500至620千帕。使用轮胎压路机进行初压时产生的推移小，过去使用较多。但使用轮胎压路机进行初压时，由于混合料温度较高而易出现轮胎压痕，在低温季节或大风环境中混合料的温度下降较快，该痕迹难以被后续的碾压作业消除。轮胎压路机目前主要用作中间碾压，利用其揉压作用可以有效提高压实度，减少静力压路机碾压后表面产生的细裂纹和孔隙。应用轮胎压路机压实摊铺侧边时对路缘石的擦边碰撞破坏也较小。当铺层温度较高时（大于80℃）不宜用轮胎压路机进行终压，以免留有轮胎印痕。

（3）振动压路机

振动压路机的压实功主要来自自重和钢轮振动的共同作用。沥青路面施工常用的振动压路机质量为7至18吨，激振力为150至300千牛，主要机型为单碾压轮式振动压路机和双碾压轮式（串联）振动压路机。单碾压轮式振动压路机前面有1个振动轮，后面配置2个橡胶驱动轮。由于其轮胎的印花较深，且自重和激振力较大，通常只用作复压。双碾压轮式振动压路机依靠 2 个碾压轮共同驱动，具有可调的振频和振幅，目前使用最为广泛。

沥青路面施工应配备足够数量的压路机，选择合理的压路机组合方式及初压、复压、终压（包括成型）的碾压步骤，以达到最佳碾压效果。在高速公路上铺筑双车道沥青路面的压路机不宜少于 5 台。当施工气温低、风大、碾压层薄时，压路机的数量应适当增加。

2.碾压速度、温度和厚度

（1）碾压速度

压路机应以慢而均匀的速度碾压，压路机的碾压速度应符合表中的规定。压路机的碾压路线及碾压方向不应突然改变而导致混合料推移。碾压区的长度应大致恒定，两端的折返位置应随摊铺机的前进而推进，横向不得在相同的断面上。

表 5-1　压路机的碾压速度（单位：千米／小时）

压路机类型	初压		复压		终压	
压路机类型	适宜	最大	适宜	最大	适宜	最大
静力光轮压路机	2 至 3	4	3 至 5	6	3 至 6	6
轮胎压路机	2 至 3	4	3 至 5	6	4 至 6	8
振动压路机	2 至 3（静压或振动）	3（静压或振动）	3 至 4.5（振动）	5（振动）	3 至 6（静压）	6（静压）

（2）碾压温度

压路机的碾压温度应符合相关要求，并根据混合料种类、压路机、气温、层厚等经试压确定。在不产生严重推移和裂缝的前提下，初压、复压、终压都应在尽可能高的温度下进行。同时，不得在低温状况下反复碾压，以免石料棱角被磨损、压碎，破坏集料嵌挤。

（3）碾压厚度

沥青混凝土压实层的最大厚度不宜大于 100 毫米，沥青稳定碎石混合料的压实层厚度不宜大于 120 毫米，但当采用大功率压路机且经试验证明能达到压实度时允许增大到 150 毫米。

3. 碾压作业程序

碾压分为初压、复压和终压三道工序。

（1）初压

初压的目的是整平和稳定沥青混合料，同时为复压创造有利条件，因此要注意压实的平整性。初压应紧跟摊铺机后进行，并保持较小的初压区长度，以尽快将表面压实，减少热量散失。摊铺后初始压实度较大，经实践证明采用振动压路机或轮胎压路机直接碾压无严重推移而有良好效果时，可免去初压而直接进入复压工序。通常宜采用钢轮压路机静压 1 至 2 遍。碾压时应将压路机的驱动轮面向摊铺机，从外侧向中心碾压，在超高路段则由低处向高处碾压，在坡道上应将驱动轮从低处向高处碾压。初压后应检查平整度、路拱，有严重缺陷时应进行修整乃至返工。

（2）复压

复压的目的是使沥青混合料密实、稳定、成型，混合料的密实程度取决于复压，因此复压必须与初压紧密衔接，不得随意停顿。压路机碾压段的总长度应尽量小，通常不超过 60 至 80 米。采用不同型号的压路机组合碾压时，宜安排每一台压路机做全幅碾压，以防止不同部位的压实度不均匀。密级配沥青混凝土的复压宜优先采用重型轮胎压路机进行搓揉碾压，以增强密水性，其总质量不宜小于 25 吨，每一轮胎的压力不小于 15 千牛。相邻碾压带应重叠 1/3 至 1/2 的碾压轮宽度，压完全幅为一遍。碾压至要求的压实度，且无显著轨迹为止。总的碾压遍数由试压确定，且不宜少于4至6遍。对于以粗集料为主的较大粒径的混合料，尤其是大粒径沥青稳定碎石基层，宜优先采用振动压路机复压。厚度小于30毫米的薄沥青层不宜采用振动压路机碾压。振动压路机的振动频率宜为35至50赫兹，振幅宜为0.3至0.8毫米。层厚较大时选用低频率、大振幅，以产生较大的激振力；厚度较小时采用高频率、低振幅，以防止集料破碎。相邻碾压带重叠宽度为100至200毫米。振动压路机折返时应先停止振动。

当采用三轮钢筒式压路机时，总质量不宜小于12吨，相邻碾压带宜重叠后轮的1/2宽度，并不应小于200毫米。

（3）终压

终压的目的是消除轨迹，形成平整的压实面，因此这道工序不宜采用重型压路机在高温下完成，否则会影响平整度。终压应紧接在复压后进行，如经复压后已无明显轨迹，可免去终压。终压可选用双轮钢筒式压路机或关闭振动的振动压路机进行，碾压不宜少于2遍，至无明显轨迹为止。对未压实的边角应辅以小型机具压实。

六、接缝处理

沥青路面必须接缝紧密，连接平顺，不得产生明显的接缝离析。接缝处若处理不当极易产生病害，施工过程中必须十分注意。在接缝处，上、下层的纵缝至少应错开15厘米（热接缝）或30至40厘米（冷接缝），相邻两幅及上、下层的横向接缝均应错开1米以上。接缝处施工应用3米直尺检查，确保平整度符合要求。

1.纵向接缝

（1）摊铺时采用梯队作业的纵缝应采用热接缝，将已摊铺部分留下100至200毫米宽暂不碾压，作为后续摊铺部分的基准面，待后续摊铺部分碾压时采用跨缝碾压以消除缝迹。

（2）半幅施工或因特殊原因而产生纵向冷接缝时，宜加设挡板或用切刀切齐，也可在混合料尚未完全冷却前用镐刨除边缘留下毛茬，但不宜在冷却后采用切割机做纵向切缝。加铺另半幅前应涂撒少量沥青，重叠在已铺层上50至100毫米，再铲走铺在前半幅上的混合料，碾压时由边向中碾压，预留100至150毫米，再跨缝挤紧压实。或者先在已压实路面上行走碾压新铺层150毫米左右，然后压实新铺部分。

2. 横向接缝

横向接缝的形式有斜接缝、阶梯形接缝和平接缝。在具体选择过程中应满足以下要求：

（1）高速公路和级公路表面层的横向接缝应采用垂直的平接缝，以下各层可采用自然碾压的斜接缝，沥青层较厚时也可做阶梯形接缝。其他等级公路的各层均可采用斜接缝。

（2）斜接缝的搭接长度与层厚有关，宜为0.4至0.8米。搭接处应撒少量沥青，混合料中的粗集料颗粒应予以剔除，并补上细料，以使搭接平整，充分压实。阶梯形接缝的台阶经铣刨而成，并撒黏层油，搭接长度不宜小于3米。

（3）平接缝宜趁尚未冷透时用凿岩机或人工垂直刨除端部层厚不足的部分，使工作缝成直角连接。当采用切割机制作平接缝时，宜在铺设当天混合料冷却但尚未硬结时进行。刨除或切割不得损伤下层路面。切割时留下的泥水必须冲洗干净，待干燥后涂刷黏层油。铺筑新混合料前，应加热接茬使其软化。碾压开始时，先用钢筒压路机进行横向碾压，可将压路机位于已压实的混合料层上，跨缝伸入新铺层宽150毫米碾压。每压一遍向新铺混合料方向移动150至200毫米，直至全部在新铺路面上为止。然后改为纵向碾压，此时应注意不要在横接缝上垂直碾压，以免引起新旧层错台。

热拌沥青混合料路面应待摊铺层完全自然冷却，混合料表面温度低于50℃后，方可开放交通。需要提早开放交通时，可洒水以降低混合料温度。铺筑好的沥青层应严格控制交通，做好保护，保持整洁，不得造成污染，严禁在沥青层上堆放施工产生的土或杂物，严禁在已铺沥青层上制作水泥砂浆。

七、沥青路面病害维修

（一）沥青路面变形维修

沥青路面变形有车辙、沉陷、波浪与搓板等多种形式。我国沥青路面变形类病害中车辙问题尤为突出。车辙是路面上沿行车轨迹产生的纵向带状凹槽。它除了影响行车舒适性外，还对交通安全有直接影响。车辙在行车荷载重复作用下有扩展和积累的趋势。

1. 车辙类型与维修

沥青路面车辙一般包括结构性车辙、流动性车辙，磨损性车辙、压实不足引起的车辙。根据车辙类型的不同，常用的车辙维修措施有：稀浆封层。微表处、石屑封层、罩面或改建等。高速公路一般采取局部铣刨、局部填补或整体改造措施。沥青路面车辙的具体维修方法选择如下：

（1）因表面磨损过度出现的车辙，可先行铣刨，喷洒黏层沥青后，铺筑沥青混合料。

（2）属于路面横向推挤形成的横向波形车辙且已稳定者，可按上述方法修补；如因不稳定夹层引起，则应清除该夹层，重铺局部下沉造成的车辙，可按路面沉陷的处理方法进行修补。

（3）车道表面因车辆行驶推移而产生的车辙，应将出现车辙的面层切削或铣刨清除，然后重铺沥青面层。在高速公路及一级公路上可采用SMA混合料或改性沥青混合料修补车辙。

（4）路面受横向推挤形成的横向波形车辙，如果已经稳定，可将凸出的部分铣刨，在波谷部分喷洒或涂刷黏结沥青并填补沥青混合料并找平、压实。

（5）因面层与基层间有不稳定的夹层而形成的车辙，应将面层挖除，清除夹层后，重做面层。

（6）由于基层强度不足、水稳性不好，使基层局部下沉而造成的车辙，应先处治基层。

2. 纵向变形及维修

（1）纵向变形

路面的纵向变形是由路基的纵向变形造成的。软土地基和非软土地基都可以产生纵向变形，纵向变形造成路面大波浪形的不平整，包括路面沉陷、桥头跳车、波浪、搓板、塑包等。沉陷是由于路基路面产生竖向变形而导致路面下沉的现象，通常有均匀沉陷，不均匀沉陷、局部较大面积沉陷等。桥头跳车是由桥台背填土压实不够而引起路基不均匀沉降，从而使路面产生沉陷，形成跳车。沉陷、桥头跳车都是因为施工质量没有严格控制所造成的，可采用新技术、新材料、新工艺来加强填方的压实度，使其达到要求。

波浪是指路面有规律地纵向起伏、波峰与波谷交替出现，间隔很近，一般在60厘米之内。

造成波浪的主要原因是材料组成设计差、施工质量差，使面层材料不足以抵抗车轮水平力的作用。此外，产生波浪也可能是由于旧面层已有搓板，而加铺沥青面层时未予妥善处理（铲除搓板）所致。

（2）壅包维修

①已趋于稳定的轻微整包，应将来包用机械创削或人工挖除。如果除去重包后，路表不够平整，应予以处治。

②因基层沥青用量过多或细料集中而产生较严重塞包。或路面连续多次出现重包且面积较大，但路面基层仍属稳定，则应用机械或人工将壅包

全部除去，并低于路表面约 10 毫米。扫尽碎屑。杂物及粉尘后，用热沥青混合料重做面层。

③因基层局部含水率过大，使面层与基层间结合不良而被推移变形造成的重包，应把壅包连同面层一起挖除，将水分晾晒干，或用水稳定性较好的材料更换已变形的基层，再重做面层。

④由于基层局部强度不足或水稳定性不好，使基层松软而导致的重包，应将面层和基层完全挖除。如土基中含有淤泥，还应将淤泥彻底挖除，换填新料并夯实。在地下水位较高的潮湿路段，应采取措施引出地下水并在基层下面加铺一层水稳定性较好的材料，最后重做面层。

（3）沉降维修

①因路基不均匀沉降而引起的局部路面沉陷，若土基和基层已经密实稳定，不再继续下沉，可只修补面层，并根据路面的破损状况分别采取下列处治措施：

a. 路面略有下沉，无破损或仅有少量轻微裂缝，可在沉陷处喷洒或涂刷黏层沥青，再用沥青混合料将沉陷部分填补，并压实平整。

b. 因路基沉陷导致路面破损严重，矿料已松动、脱落形成坑槽的，应按照坑槽的维修方法予以处治。

②因土基或基层结构遭到破坏而引起路面沉陷，应处治好基层后再做面层。

③桥涵台背因填土不实出现不均匀沉降的，可视情况选择以下处理方法：

a. 挖除沥青面层，在沉陷的部分加铺基层后重做面层。

b. 对于台背填土密实度不够的，应重新做压实处理，台背死角处的压实宜采用机械夯实。

c. 对含水率和孔隙比较大的软基或含有有机物质的黏性土层，宜采取换土处理，换土深度应视软层厚度而定。换填材料首先应选择强度高、透水性好的材料、如碎石土、卵砾土、中粗砂及强度较高的工业废渣，且要求级配合理。

（4）波浪与搓板维修

①属于面层原因形成的波浪或搓板可按下述方法进行维修：

a.路面仅为轻微波浪或搓板，可在波背部分喷洒沥青，并匀撒适当粒径的矿料，找平后压实。

b.波浪（搓板）波峰与波谷高差起伏较大时，应顺着行车方向将凸出部分铣创削平，并低于路表面约 10 毫米。削除部分喷洒热沥青，再匀撒一层粒径不大于 10 毫米的矿料，扫匀、找平，并压实。

c.严重的、大面积波浪或搓板，需将面层全都挖除，然后重铺面层。

②若面层与基层之间存在不稳定的夹层，面层在行车荷载的作用下推移变形而形成波浪（搓板），应挖除面层，清除不稳定的夹层后，喷洒黏结沥青，重铺面层。

③因基层局部强度不足或稳定性差等原因造成的波浪（搓板），应先对基层进行处治，再重做面层。

（二）表面损坏维修

沥青路面表面损坏形式有泛油、磨光、油包、啃边和脱皮等。

1.泛油维修

泛油是指沥青从沥青混凝土层的内部从下向上移动，使表面出现过多沥青。泛油主要是由于沥青用量过大、稠度太低或热稳定性差等原因所引起的。此外，也可能由于低温季节施工，层铺法沥青路面的嵌缝料失散过多，在气温转暖后，自行车荷载作用下多余沥青溢出表面而形成的。

在轻微泛油的路段，可撒上 3 至 5 毫米粒径的石屑或粗砂，并用压路机或控制行车碾压在泛油较重的路段，可先撒上 5 至 10 毫米粒径的碎石，用压路机碾压，待稳定后，再撒 3 至 5 毫米粒径的石屑或粗砂，并用压路机或控制行车碾压。面层混合料中沥青含量过高，且已形成软层的严重泛油路段，可视情况采用下述方法：

（1）先撒一层10至15毫米粒径（或更大的）碎石，用压路机将其强行压入路面，待基本稳定后，再分次撒上5至10毫米粒径的碎石，并碾压成型。

（2）将沥青含量过高的软层铣创清除后，重做面层

维修要点：泛油处治时间应选择在泛油路段已出现全面泛油的高温季节，并在当日气温最高时进行；撒料应顺行车方向撒，先粗后细，做到少撒、薄撒、匀撒、无堆积、无空白；禁止使用含有粉粒的细料；采用压路机或引导行车碾压，使所做料均匀压入路面，如采用行车碾压，应及时将飞散的粒料扫回。

2. 磨光维修

高速公路、一级公路路表抗滑能力降低且已磨光的沥青面层，可用路面铣刨机直接恢复其表面的粗糙度。

路面石料棱角被磨掉，路面光滑，抗滑性能低于要求值时，应加铺抗滑层。加铺前，应先处治好原路面上的各种病害。若原路表有沥青青量过多的薄层，应将其刮除后洒黏层油。罩面形式可以采用拌和法或层铺法施工的单层表面处治和各类表面封层措施，高速公路一般采用超薄磨耗层、薄层罩面等措施。

3. 油包维修

对于较小的油包。油袭或轻微的搓板，在气温较高时（或用加热器烘烤）铲除，也可用机械铣创铲除后找平补顺，再用热熔铁烙平。因基层强度不足或稳定性差而引起的严重型包或波浪（搓板），应对基层做补强处理后，再铺面层。如面层与基层间有不稳定层，应清除不稳定层，再铺筑面层。

4. 啃边维修

啃边的处治因路面边缘沥青面层破损而形成的啃边，应将破损的沥青

面层挖除。在接茬处涂刷适量的黏结沥青，用沥青混合料进行填补，再整平压实。修补啃边后的路面边缘应与原路面边缘齐顺。因基层松软、沉陷而形成的啃边，应先对路面边缘基层局部补强后再恢复面层。应加强路肩的养护工作，保持路肩稳定。随时注意填补路肩上的车辙、坑洼或沟槽，保持路肩与路面衔接平顺，并保持路肩应有的横坡，以利排水。

5.脱皮维修

（1）因沥青面层与封层没有黏结好以及初期养护不良引起的脱皮，应清除已脱落和已松动的部分，再重新做上封层，所做封层的沥青用量及矿料粒径规格应视封层的厚度而定。

（2）如沥青面层层间产生脱皮，应将脱落及松动的部分清除，在下层沥青面上涂刷黏结沥青，并重做沥青层。

（3）面层与基层之间因黏结不良而产生的脱皮，应先清除掉脱落。松动的面层，并分析黏结不良的原因。若面层与基层间所含水分较多，应晾晒或烘干；若面层与基层之间夹有泥层，则应将泥砂清除干净，喷洒透层沥青后，再重做面层。

（三）裂缝维修

1.路面裂缝

沥青路面在使用期内开裂，是普遍存在的问题，如果不及时对路面裂缝进行合理处治，必然会加剧路面的进一步损坏。路面裂缝的危害在于，从裂缝中不断进入的水使基层甚至路基软化，导致路面承载力下降，产生错台、网裂，加速路面破坏。沥青路面裂缝按形成原因可分为温度裂缝（由沥青面层温差导致的温缩裂缝）、干缩裂缝（主要由半刚性基层干燥开裂引起，反射到沥青面层形成的反射裂缝）、荷载裂缝（行车荷载作用导致的结构性破坏裂缝）、沉降裂缝（由填土固结沉降或路基不均匀沉降引起）等几种主要形式。

沥青路面开裂的原因和裂缝的形式是多种多样的。影响裂缝轻重程度的主要因素有沥青和沥青混合料的性质、基层材料的性质、气候条件（特别是冬季气温及其变化量）、交通量和车辆类型以及施工因素等。由调查可知，往往由于路面设计或施工原因造成结构层本身强度不足，不适应日益增长的交通量及轴载作用而产生开裂，最初一般表现为纵向开裂，然后发展成为网裂。由荷载产生的这一类裂缝，在我国中低级道路及一些超载严重的高等级公路车行道中是常见现象，然而，对我国大多数高等级公路来说，由于普遍采用半刚性基层，有足够的强度，这一类荷载性裂缝并不是主要的。相反，另一类裂缝即非荷载性裂缝的普遍存在，却引起了极大的关注，尤其是横向裂缝，是与半刚性基层材料与沥青及沥青混合料的性质密切相关的。

2. 路面裂缝修补技术

沥青混凝土路面的早期病害多以裂缝的形式出现，加上半刚性基层反射裂缝的普遍存在，沥青路面产生裂缝后，大量路表水沿裂缝侵入路面结构内部，甚至进入路基，致使沥青混凝土路面在车辆荷载特别是重载交通和动态水的交互作用下，经常出现基层细集料流失现象，严重的则可能导致坑槽的出现。及时进行维修，控制裂缝的进一步发展，可以防止路面早期破坏，而选用适宜经济可行的维修方法，严格的工艺操作是维修裂缝的关键。维修方法一般有灌缝、封层、薄层面、现场再生等，常用的方法是灌缝。

开裂后路面的养护措施取决于裂缝的密度与开裂程度。如果裂缝已经钝化或裂缝边缘已损坏，甚至达到了高度损坏，这类路面则最好采用诸如石屑封层、稀浆封层等措施。如果裂缝处于低度至中度损坏状态，开始向边缘损坏发展，维修措施宜采用修补。

如果裂缝处伴有其他形式的损坏，如沉陷、边缘损坏、错台等，或在荷载作用下弯沉显著增大，维修措施可以采取修补或铣刨。但如果弯沉很大或损坏非常严重，为了临时服务交通，可先对裂缝进行临时性处治，并尽快安排大修计划。

（1）灌缝修补法

①灌缝与填缝的目的

尽管裂缝宽度是选择灌缝或填缝的关键因素，但特定类型裂缝的年横向位移量是最主要的决策依据。通常，在工作裂继边缘损坏之前应采取填缝措施，而非工作裂缝中等边缘损坏到无边缘损坏范围内应采用灌缝措施。

裂缝属于工作裂缝还是非工作裂缝，可根据其类型判定。工作裂缝在方向上常为横向，但是某些纵向和斜向裂缝也可能满足 3 毫米位移量的指标。填充工作裂缝的材料能黏结裂缝的两侧壁并能随裂缝的开与合面伸缩。在低温、低应力下具有一定延伸能力的橡胶改性类材料一般适用于处置工作裂缝。

非工作裂缝包含斜向裂缝，大多数纵向裂缝和某些网状裂缝。由于裂缝间距小，裂缝宽度变化较小。允许使用价低和特殊要求较少的灌缝材料。有经验的技术人员一般可根据经验确定工作裂缝和非工作裂缝。

②灌缝与填缝的时间

填缝是一种预防性养护。当工作裂缝发展到一定程度后就应进行填缝处理，填缝的时间最好安排在天气偏凉的季节（温度在 7 至 18℃），如安排在春季和秋季。

选择在有点凉的季节填缝出于两方面的考虑：第一，此时裂缝已开始张开（或尚未闭合），可以填充足够的材料；第二，裂缝张开正好在年平均宽度左右，便于选择填缝材料，因为填缝材料能承受的胀缩总是有限的。

灌缝可以是预防性的也可是日常养护，这取决于道路管理机构处治裂缝的方法。像填缝一样，非工作裂缝发展到中等程度就应该进行预防性灌缝处治。灌缝应使用耐久性好的灌缝材料，以减少灌缝次数。裂缝完全形成之后应马上灌缝，可以延缓其进一步地增长。

③灌缝方案

a. 主要考虑因素

选择灌缝和填缝处治措施应考虑下列因素：气候条件，包括处治时的气候和一般的气候条件；道路类型与等级；交通量与货车比例；裂缝特征与密度材料填缝、灌缝方式养护工艺和机具；安全因素。

方案设计时应重点考虑道路现状及发展趋势，选择适当的材料和填缝、灌缝方式，确定养护工艺和机具。特定路段位置和养护时的气候条件对选择材料和工艺有较大的影响，例如，如果养护时湿度大、温度低，使用加热喷枪能缩短灌缝时间。

在选择材料和养护工艺时，也应考虑公路所在地区整年的气候条件，气温偏高的地区，所选择的材料不应在温度高时出现显著软化和流动。相反，非常冷的地区要求材料在低温下有一定韧性。裂缝特征，比如宽度、张开位移、边缘损坏情况等都对选择材料和工艺有影响。

b. 选择填缝与灌缝材料

目前市场上有多种牌号的灌缝与填缝材料，每一种都有其明显的技术特点。根据灌缝与填缝材料的组成与生产工艺，可分成两大类和不同的小类。

第一类是冷操作的热塑性沥青材料，又可分为液体沥青（乳化）和聚合物改性液体沥青。

第二类是热操作的热塑性沥青材料，又可分为沥青、纤维沥青、橡胶沥青、改性沥青，低模量橡胶改性沥青和化学处理的热融性材料。

除以上两大类以外，其他材料还有裂化沥青。沥青胶浆和砂粒式沥青混合料。

热塑性沥青材料中，沥青和液体沥青韧性较小，温度敏感性高，因此，用于非工作裂缝的灌缝受到限制；类似地，因为纤维不能增加沥青的弹性，不能显著改进其温度敏感性，所以纤维沥青多数适宜于做灌缝材料。在液体沥青或加热沥青中添加胶类聚合物，一般能增加沥青的韧性，改善沥青的野外性能。韧性改善的程度取决于沥青的类型和性质。硫化橡胶的掺量以及橡胶与沥青的混合，工艺。其他类的聚合物也常与沥青混合使用，单独或与橡胶一起使用。

化学处理热融性材料是把一种或两种材料通过化学反应使其从液态变为固态。这类材料近几年在沥青路面中得到了应用。

材料选择的第一步就是确定材料应该具备的性能，以适应特定的要求，用于填缝的材料，应考虑以下几方面的性能是否合适：黏附性、黏结性、抗软化与流动能力、韧性、弹性、抗老化与气候作用、抗磨损。

c.选择填缝或灌缝构造

填缝与灌缝材料填灌入缝的构造形式较多，裂缝填灌处治的典型构造可分为四组。

齐平。在齐平构造中，材料仅简单地注入既有的不经处理的裂缝中，裂缝外面的材料应铲除；刻槽构造。将裂缝切齐，称裂缝刻槽，材料仅放入切齐的裂缝内、材料或者与缝顶面齐平，或者略低于路面表面；

顶式。材料置入未经切齐的裂缝内。如材料超出裂缝口，应用橡胶滚轴将超出材料滚压成条带，简单的条带构造如超出材料不使其形成条带形，则形成帽形；

刻槽梯形封顶。材料置入切齐的裂缝、然后用橡胶滚轴使超出裂缝的材料滚压成条带，形成的条带应对称于裂缝。几乎所有的填，灌缝工艺都是直接把材料放入裂缝继道内，但有时在填缝之前，将嵌缝条材料（如聚乙烯泡沫条）放在工作裂缝的刻槽底部。泡沫条的作用是防止填、灌缝材料进入切割的刻槽下的裂缝，并且不会与刻槽的侧面黏结在一起，这样，可以加强填、灌缝材料的潜在性能。

填缝料的形状，特别是对于刻槽模式，也影响其性能。在最初的设计时就应考虑其形状，通常用形状参数表示，形状参数定义为宽和深度的比，一般情况下，形状参数仅受切割槽的尺寸控制，当采用嵌缝条时，形状参数受嵌缝条和切割槽尺寸的影响，只有在下列两种情况下，才考虑使用嵌缝条：一种是使用嵌缝条具有技术经济效益；另一种是工作裂缝比较直（比如反射裂缝），并且边缘损坏非常轻，热施工的橡胶改性填缝料多数建议直接填入缝内，但使用嵌缝条也不会增加太多的费用。硅树脂做填缝料时，应使用嵌缝条。

④灌缝常规方法

在深秋冬末季节，将纵横裂缝处清扫干净，直接用油壶灌入加热的沥青，是一种常规的方法。但常出现浇灌的沥青晾干后进入不到缝纹深处，在与冷的旧沥青路面黏结前就轻易被车轮带走。因此，开发出用乳化沥青进行灌缝处理的技术效果较理想，还有的在灌沥青前，用液化气将缝壁加热至黏性状态后，再把沥青或沥青砂浆喷抹到缝中，最后在缝口表面洒布热砂或石屑加以保护。细小的裂缝，则要用盘式铣刀进行扩宽，再做处理。

1995年，美国公路部门研究出一种CRF-PM聚合物改性乳液，具有很好的弹性、流动性和黏结性，不受季节和气温的影响，填缝后能牢牢地黏附在裂缝壁上和路面连成一体。施工时，只要将CRF-PM聚合物改性乳液放在一个专用壶中，由人工浇入裂缝中，再铺砂子，

即可开放交通。国外最近研制出一种合成橡胶填缝材料，可在高于40℃的温度下使用，施工时，只需用瓶子盛装，将填缝料液灌入裂缝，30分钟内即可恢复交通。

⑤裂缝封闭处治技术

裂缝封闭处置方法通常由以下五个步骤组成。

a.裂缝的整修

采用裂缝刻槽机或金刚锯对裂缝刻槽，刻槽应均匀且断面垂直边缘。刻槽机上一般装有调节刻槽深度的装置。有些裂缝形状不规则，很难准确地在裂缝上进行刻槽，未刻到的部分与刻槽形成相邻的两道缝（槽），此时还应对余缝进行刻槽。

b.缝槽的清洁和干燥

需要采用吹风器、空气压缩机、钢毛刷等对已刻缝槽进行清洁，并采

用热气枪进行干燥。

c.封面材料的准备和填充

主要仪具有沥青锅、沥青分配器、垫条安放工具、输料器等。当路面潮湿或气温低于5℃时，不得进行封面。封面料不应在输料管中停留，灌入时材料的温度应由供货商提供。

一般裂缝修补时，是直接将修补材料填入缝槽中，但有时也将隔离黏附作用的材料如聚乙烯泡沫垫条放在刻槽底部，再填入封面料。放垫条的缝槽应刻得深一点，垫条的宽度比缝（槽）宽25%，使垫条能固定在刻槽中。

d.整料

根据需要，采用橡皮棍将填缝材料修整为凹形、齐平，帽形和梯形封顶等形式。梯形封顶尺寸一般为宽度76至127毫米，厚度3.2至4.8毫米，简易梯形封顶可以省去刻槽工序，快捷方便。刻槽梯形封顶的作用相当于磨耗层。帽形封顶施工时可较梯形封顶少用工人，但处治效果降低，帽形封顶材料容易发生扩散性流动面变平，材料温度降低较快，与刻槽的黏附不够充分。

e.吸油

用砂或卫生纸罩在刚修整的材料上，防止刚施工完的封面材料在车轮作用下受磨损而脱落。

⑥灌缝施工要求

a.纵横向裂缝：由于路面基层温缩、干缩等引起的纵向、横向裂缝，缝宽在5毫米以内的，宜将缝隙刷干净，并用压缩空气吹去尘土后，采用热沥青或乳化沥青（潮湿时）泄缝撒料法封堵，灌入2/3的缝深，填入干净石屑或粗砂并捣实，将溢出缝外的沥青及石屑、砂清除；缝宽在5毫米以上的，应剔除缝内杂物和松动的缝隙边缘，或沿裂缝开槽后用压缩空气吹净，采用砂粒式、粒式热拌沥青混合料填充、捣实，并用烙铁封口，随即撒砂、扫匀，潮湿时也可采用乳化沥青混合料填缝。

b.轻微裂缝在高温季节全部或大部分可愈合的轻微裂缝，可不加处理；对高温季节不能愈合的裂缝，在高温季节可将有裂缝的路段清扫干净并匀洒少量沥青（在低温、潮湿季节宜采用乳化沥青），再匀撒一层 2 至 5 毫米的干燥洁净石屑或粗砂，最后用轻型压路机将矿料碾压。

c.土基、路面基层的病害或强度不足引起的裂缝类破损，首先应处理土基或基层，然后修复路面。

d.因路面沥青性能不好或路龄较长。沥青路面层老化产生较大面积的裂缝（包括网裂），若强度尚好时，通过技术经济比较，可选用下列修理方法：乳化沥青稀浆封层，封层厚度宜为 3 至 6 毫米；加铺沥青混合料上封层，或先铺设土工布后，再在其上加铺沥青混合料上封层；

（2）乳化沥青微表处和稀浆封层修补法

水和化学物质（乳化剂分为阴、阳离子两大类）的混合物，在强力机械剪应力作用下形成悬浮液，即用胶体磨使其变成黑色流体，形成乳化沥青，其中沥青的含量为 50% 至 70%（乳化沥青可直接用来灌缝、刷边等），用 50% 石屑、30% 粗砂、20% 细砂混合成符合级配要求的集科，按油石比 8% 至 12% 掺入乳化沥青，加入 2% 普通水泥做填充料，形成稀浆，由专用的封层机铺在旧沥青路面上，厚度为 0.5 至 0.6 厘米。在铺筑过程中，乳化沥青将渗入裂缝中，待与其破乳水分蒸发，达到修补裂缝的目的，还可使路面平整。使用沥青混合料进行封层时，一般厚度在 1.5 厘米以内，可采用层铺法或者拌和法施工。

（3）沥青混合料罩面法（超薄磨耗层、薄层罩面）

这是一种根据路面裂缝严重情况，结合路段使用间隔年限、交通量大小所选用的一种方法。常用标准的中粒式、细粒式沥青混凝土做罩面材料，一般厚度为 1.5 至 4.0 厘米，施铺前原路喷洒黏层沥青。目前已开始应用土工布、土工格栅和喷洒橡胶沥青作为应力吸收层，以提高防裂效果。

用于表面处置层的沥青材料，还有一种是冷拌掺纤维的断级配沥青混合料。这种混合料添加纤维的比例可降至 0.1% 至 0.2%，具有良好的流动性和均匀性且施工费用少，因掺入了纤维，防裂效果明显。

沥青路面相隔大约 10 米就出现横向裂缝，英国的维修工艺是首先标出裂缝和大面积损坏处，使用破碎机将大面积损坏处挖出，用切削机将裂缝处切制成 V 形截面槽，上宽最小 60 厘米，深 30 厘米（包括沥青层和部分基层），洁净后均用密级配沥青混凝土填平、压实；完成裂缝的处置后，在表面铺一层黏结层，然后摊铺 30 毫米厚的密级配沥青碎石作为平整层；再铺一层 45 至 50 毫米厚的热压沥青碎石，再撒铺厚度为 20 毫米的热拌沥青石屑，并将石屑压入热沥青层中。两年后观察该方法修补的沥青路面效果很好，预计修补后的沥青路面可多使用几年。

（4）现场再生维修法

封层、罩面法虽可利用机械化施工，但对开裂处的沥青混合料未能触动，使其性能得不到改观，加之覆盖层的厚度有限，裂缝在封层、罩面后常会在表层复出。对此，把沥青路面再生利用的原理应用到裂缝的维修上来，即现场再生维修法。

①裂缝处的再生

沥青路面再生利用技术目前已普遍应用。就现场再生利用来讲，首先采用再生系列设备，将旧沥青路面加热至融化松散，然后加入再生剂和一定数量的沥青和集料，就地拌和成新的沥青混合料，经摊铺碾压成性能较好的路面。裂缝的再生维修是先用已研制成的轻便型路面加热器，在裂缝处宽 5 至 10 厘米范围内加热数分钟后，约 1 米长的裂缝处旧路面便可变软，如果缝深，则增加加热时间。此时，用油壶倒入适量热沥青，掺入少量砂或石屑，人工就地热拌，使裂缝处自上到下、左右两边形成含油量较大的新混合料，再找平。撒砂养护。这样处理过后的裂缝含油量大而且柔，可吸收各种因素引起的应力。

②大面积裂缝路面的再生

对于裂缝多的路段，用加热车对旧路面实施两次加热，使表面裂缝深处全部融化变软，喷洒一定数量的再生剂和稀沥青后，与掺入适量的集料就地拌和（拌和方式可采用再生机或铣刨机或人工拌和），然后再进行碾压成型。有的是将有松散裂缝的旧沥青路面趁夏季高温刨出，堆成小堆，采取加热融化或人工破碎或利用融化剂粉碎，重新添加沥青、集料拌和后，就近摊铺碾压，由于改变了裂缝处的沥青混凝土性能，从而达到消除裂缝的目的。

（四）水损坏路面维修技术

随着沥青路面的建设和发展，沥青路面的水损害问题已越来越引起道路工作者的重视。

业者对道路车辆分道行驶，以及超载车、重载车增加有可能导致的车辙损坏，半刚性基层沥青路面有可能出现较严重的裂缝等有充分的认识和思想准备，同时对道路的抗滑性能也特别重视。在沥青面层结构组合及沥青混合料的配合比设计方面采取了一系列防止车辙和提高构造深度的措施，也在防止开裂方面做了许多工作，但对沥青路面会出现水稳定性不足、坑槽等以及在中低级公路上常见的松散、坑槽现象几乎是没有预料到的。我国许多道路，尤其是多雨潮湿地区的道路，在春融季节，梅雨季节及雨季，路面会出现麻面、松散、掉粒，乃至坑槽，为明显的路面早期损坏。

沥青路面的水损坏已经成为我国沥青路面早期损坏的一种主要模式。大量调查研究发现，各种不同路面结构的水损坏有明显的差别。

1.沥青路面水损坏的破坏类型及破坏原因

（1）自上而下的表面层水损害

许多初期的路面水损害是自上而下发生的，它往往局限于在表面层发生松散和坑槽，如果及时修补，路面性能可以很快恢复。在降雨过程中，雨水首先渗入并滞留在表面沥青混凝土的空隙中，当下层的沥青混合料密水性好，且沥青层层厚较大，向下渗透相对比较困难时，在大量高速行车的作用下，反复产生的动水压力逐渐使沥青从集料表面剥离，局部沥青混凝土变得松散，碎石被车轮甩出，导致路面产生坑槽。实际上，无论表层沥青混凝土是密实式的还是半开式的，甚至是采用了改性沥青或加了抗剥落剂的 SMA 结构，许多工程都有类似的表面层坑洞，只是坑洞的个数和面积的比例有显著差别。

国际上通称的典型的水损害是雨水使沥青膜从集料表面脱落，失去附着力的过程。水损害的先决条件是水的存在，同时存在外力作用的环境。汽车荷载的压应力和高速行驶产生的真空吸力形成剪应力的反复泵吸作用，使沥青膜从剥离发展到松散、掉粒、坑槽，损害的进程与荷载的大小、频度有关。在初始阶段，集料与集料之间发生剪切滑移，伴有沥青膜移动和脱离，当剪切应力超过沥青与集料的黏附力时导致附着力丧失，这个过程很短暂。一条公路在长时间干燥少水的情况下可以稳定地使用，一旦有充足的水大量地从裂缝和大的孔隙中迅速渗入达到饱和，经行车反复泵吸很快就造成沥青膜剥离，成为水损害的典型模式。

这和疲劳破坏有根本的不同。

还有一种理论认为，沥青混合料中涂敷沥青的集料颗粒遭遇水的浸泡后，由于水具有很强的表面张力和浸润性，可以通过沥青自发的乳化作用进入并穿透沥青膜侵入沥青集料界面上，并最终将沥青膜取代。如果界面上包含有乳化剂时，集料表面的沥青膜有可能比一般情况下更容易乳化，因此抗剥落剂一方面增强了沥青与酸性石料的黏附性，另一方面增加了沥青被乳化流失的可能性。

由此可见，自上而下的沥青路面的水损害主要表现为表面型坑槽，产生水损害坑槽的原因如下：

①沥青混合料的设计空隙率或施工后的残余空隙率大，渗水严重。我国有些工程采用的Ⅱ型沥青混合料，抗滑表层级配等，空隙率较大。它的

沥青层很厚，水渗入下层的路径长，很难到达下层，而表面层的 AC-16 Ⅱ 型混合料的空隙率较大，所以路面破坏普遍表现为表面型的坑槽，如果产生的坑槽不及时修补，将会迅速扩展，导致坑槽连片，小坑变大坑。

空隙率包括开孔隙和闭孔隙，造成水损害的原因是渗水，而真正能够渗水的路径只有开孔隙，闭孔隙是不会引起渗水的。研究表明，渗水系数与孔隙率有密切的关系，但又有根本的不同。据研究，渗水系数更能够反映路面离析的真实情况。

②在平均空隙率并不大的路段上，产生局部性坑槽的主要原因是沥青混合料的离析。

坑槽为什么不同时在所有的地方发生，而首先在某一些地方发生呢？那就是因为某些地方有比其他地方大的空隙存在，而这种大的空隙基本上都是由于离析造成的。沥青混合料的离析有两种含义，一种是集料粗细不均的离析，另一种是温度的离析。离析的后果是压实度不均，致使空隙率不一样。粗细集料的离析可以凭肉眼观察，国外检测离析是通过表面构造深度和渗水程度评价的。

近年来，离析问题已经成为施工中最迫切需要解决的问题，粗细集料的离析同时还伴随着油石比的不均匀，直接导致空隙率不一致。由于沥青混凝土的不均匀性，坑洞总是首先在局部沥青混凝土孔隙率较大处产生，因此是随机分布的一个个孤立的坑洞。很多实例证明，不管是传统的纯沥青混凝土，还是新型的沥青混凝土，在大量行车作用下，都会产生沥青剥落现象和水损坏。

③发生表面层坑槽的路段，经常是表层与中层之间有严重的层间污染，存在两层皮似的脱开现象。层间污染对路面的寿命有直接影响，界面上的泥在遇水后成为泥浆，界面条件就由设计时假定连续变为半连续，甚至滑动，严重影响疲劳寿命。有相当一部分的表面坑槽，是因为某个地方先进水，成为滑动的界面条件，在表面层独立的承受交通荷载的作用下，表面

层底就出现大的弯拉应力，从而在短期内损坏。

自上而下的水损害即使出现表面型坑槽，也容易修补，但是如果不及时维修，损坏面积的扩散也很快。所以要尽快维修，以尽量减少对路面的损坏。

（2）自下而上的水损坏

当半刚性基层沥青路面的沥青层较薄时，沥青路面的水损坏经常是自下而上发展的。

水是水损坏的主要原因，水进入沥青路面几乎是不可避免的。但是，由于半刚性基层本身的强度较高，细料含量又多，本身非常致密，它基本上是一种不透水或者渗水性很差的材料。

基层不能排水，并不等于水就不进入沥青层，沥青混合料即使是空隙率很小的密级配，也不是完全不进水，水从各种途径进入路面并到达基层后，不能迅速排走，只能沿沥青层和基层的界面扩散、积聚。

水通过多种形式途径进入路面，如：

①降雨。有的地方梅雨季节能持续数月之多。时间越长，进入路面的水越多。相比较之下，暴雨形成的积水反而能很快从表面排走。

②雪水。冬季下雪后融化需要很长的时间，路面一直处于水泡的状态下。有时为了融雪还需要向路面洒盐水或融雪剂。

③夏季为使路面降温也经常洒水。为了防止车辙，在高温季节的中午和下午洒几次水，不失为降低路面温度的好办法，但如果沥青层的孔隙较大，洒水的同时也会有水不断渗入路面，路面混合料在有水的情况下，车辙变形可能会更严重。

④中央分隔带的绿化浇水，以及从中央分隔带渗入路面的水（尽管大部分是渗入路基）。

⑤挖方路段的裂隙水。现在普遍是挖方路段的水损害破坏比填方路段严重，其中很重要的一个原因是挖方破坏了山体的水文地质平衡，使路基

下方出现水压力，而向上涌水，有泉水的地方更加严重。目前，挖方路段的边沟几乎全部都是浆砌片石的。这种边沟将路堤内的水彻底地封闭住，使路基冒上来的水没有出路。如果山区挖方路段没有排水层，涌水无处可走，水损坏将不可避免。

⑥冬季由于冰冻引起的水分积聚。我国北方地区是典型的季节性冰冻地区，入冬以后，温度降低，地层由上而下封冻，并开始结冰，下方的水分逐渐向上积聚，至超过饱和含水量。如果在冬季挖开路面，可以清楚地发现路面沥青层下方基层上面有一层厚薄不均的冰层。待到春天升温冰雪融化时，情况恰好相反，基层还没有化开，上方的冰层先融化。这种情况是最典型的由界面连续变为滑动的状态。

⑦有些道路在沥青层铺筑过程中采用水冲洗方法处理层间污染，污水大量储存在下卧层的缝隙中（同时进入的泥土危害更大）。反复的冲洗必然使污物和水同时下渗进路面，从而造成隐患。

因此在沥青路面内部，水的存在几乎是无可避免的，只不过程度不同而已。而沥青层的水是易进不易出，在不能及时排走的情况下，危害性就更大。

这种类型的水损坏基本过程是：

a.表面雨水从裂缝和较大孔隙的裂隙中进入路面，当沥青路面存在薄弱环节，如由于离析造成上下有连通的孔隙，水在这些地方比其他地方更容易进入路面内部，并很快进入基层表面；

b.由于半刚性基层过分致密，不能迅速将水排除，水滞留在沥青层和基层的界面上；

c.在汽车荷载的作用下，下面层沥青混合料的粗集料对基层造成损伤，并形成灰浆，如果基层表面存在薄弱环节，如铺筑沥青层前就有浮灰、修补的薄层等，遇水很快就成为灰浆；

d.与此同时，沥青层和基层的界面条件恶化，可能很快转变为滑动的界面条件，沥青层底部承受很大的拉应力，反复荷载的疲劳作用同时发生，拉应力超过极限而开裂；

e.下面层的公称最大粒径较大，离析也比较严重，并存在一些孔隙较大的部位，水在孔隙中承受很大的高速汽车荷载的抽吸作用，孔隙率较大的下面层将很快出现沥青从集料表面剥离，沥青膜逐渐被水乳化面丧失，导致集料松散。这种情况逐渐向上发展，最后顶破地面，成为坑槽。

总结以上情况，第二类水损坏有以下特点：

水损坏发生在雨季或梅雨季节、季节性冰冻地区的春融季节，有时一场持续几天的大雨就导致严重破坏；行车道破坏严重，超车道一般没有破坏，显然与重车、超载有关；水损坏之初一般都先有小块的网裂、冒白浆（唧浆），然后松散成坑槽；发生水损坏的地方一般是透水较严重且排水又不畅的部位，如挖开可见下面有积水或浮浆。

（3）沥青路面水损坏的破坏形式与维修措施

①麻面与集料外露

对于轻微的麻面和集料外露，且数量较小的路段，可薄刷一层沥青，撒石屑或粗砂扫平压实。当沥青面层不贫油时，可在高温季节撒适当的细料，并用扫帚扫匀，使集料填充到路面的空隙中。大面积麻面应喷洒稠度较高的沥青，并撒适当粒径的石屑或粗砂，应使麻面部分中部的集料稍厚，周围与原路面接口要稍薄，定型要整齐，并碾压成型。

对于麻面和集料外露严重，或有松散且数量较大的路段，可在气温10℃以上时，清扫干净，重做沥青封层，也可铺筑10至15毫米厚的沥青砂罩面。如在低温季节，也可用稀浆封层。高速公路宜采用超薄磨耗层或改性沥青薄层罩面。

②松散

因沥青用量偏少或因施工气温较低造成的沥青面层松散，其处置方法是：先将路面上已松动了的矿料收集起来，待气温升至15℃以上时，喷洒沥青，再均匀撒上 3 至 6 毫米的石屑或粗砂，用轻型压路机压实。

对于因油温过高、沥青老化失去黏结性而造成的松散，应将松散部分全部挖除后，重做面层。

因沥青与酸性石料间的黏附性不良而造成的路面松散，应将松散部分全部挖除后，重做面层。重做面层的矿料不应使用酸性石料，在缺乏碱性石料的地区应在沥青中掺入抗剥落剂、增黏剂或使用干燥的生石灰、消石灰、水泥等表面活性物质作为填料的一部分，或采取用石灰浆处理粗集料等抗剥落措施，以提高沥青与矿料的黏附力，并增加混合料的水稳性。由于基层或土基软化变形而造成的路面松散，应先处理好基层后，再重做面层。

③坑槽

坑槽修补可分为永久性修补、半永久性修补和临时性修补。永久性修补用于条件尚好、设计寿命较长的道路，包括挖除破损处材料、置换新的沥青混合料等；半永久性修补用于防止较小的坑槽向更大损坏变化，修补方法与永久性修补相同，但不必将坑槽切割成矩形；临时性修补用于需立即修补的已经影响车辆行驶的坑槽，也可用于严重影响行车的道路或已计划进行罩面或重建的道路。

八、沥青路面加铺维修技术

（一）沥青路面加铺方案

1. 路面状况判定

对现有路面的使用情况进行调查和判定的目的是了解现有路面的物理或结构状况，评定它对当前和今后使用要求（结构和功能）的适应程度，以便确定需采取修复措施的路段和方案，选择合适的修复对策，并为加铺层设计提供依据和参数。

2.加铺层结构方案

对沥青路面进行加铺层设计可以分为两种类型，旧沥青路面上的沥青加铺层和旧沥青路面上的水泥混凝土加铺层。

在原沥青路面开裂不太严重的情况下，可以在对原路面的病害进行修补后，直接在原沥青路面上铺设沥青加铺层，其中包括最下面的整平层。

在原沥青路面开裂较严重的情况下，可以在对原路面的病害进行修补后，在原沥青面层与加铺层之间增加一个粒料层，以减少原沥青层或半刚性基层的裂缝对加铺层的反射作用。或者，对损坏严重，无法修补（经济上不合算）的原沥青层予以铲除或就地进行再生利用。

（二）旧沥青路面处治技术

1.加铺前预处理

在对现有沥青路面的损坏状况进行调查、检测和评定的基础上，对原路面存在的病害提出相应的处治措施：

（1）面层出现中等或严重程度的龟裂时，进行全深度修补。

（2）面层出现纵向裂缝时，按裂缝深度进行部分深度（疲劳裂缝）或全深度（施工接缝）修补。

（3）面层出现横向裂缝时，进行全深度修补或采取其他控制反射裂缝的措施。

（4）面层出现沥青老化和由此引起的裂缝时，采用冷磨措施铣刨表层。

（5）面层出现轻度或中度车辙或者纵向不平衡时，采用冷磨措施铣刨表层；出现严重车辙或纵向不平衡时，进行整层更换。

（6）沥青层出现严重沥青剥落时，采用冷磨措施铣刨该层。

（7）半刚性基层出现严重碎裂，粒料层被细粒土渗入和污染或者路基湿软沉降变形过大时，不应在旧面层上直接采用加铺层措施，而应对整个路面结构进行重建设计。

对路面的维修措施进行选择的过程如下：

如果路面整段存在结构上的不足，则需采取单层或双层补强措施；

如果路面整段存在功能上的不足，可采取如下措施中的一种或几种措施的组合恢复路面的表面功能：铣刨、罩面、微表处热就地再生；

根据路面的病害情况，分别针对不同类型的病害和严重程度选择可行的处治措施；

如果存在排水不良问题，选择采取铺设盲沟或重设排水边沟等措施。

2.反射裂缝防治

反射裂缝产生是由于应力集中造成的，在荷载和温度收缩的作用下，产生弯曲或剪切应力。荷载产生的应力集中与加铺层厚度、材料劲度以及路面结构整体强度有关，温度收缩产生的应力集中与温度的日（季）变化、材料温度胀缩系数有关。加铺前的预处理，如裂缝修补或灌缝有助于减少反射裂缝产生，同时采取一些反射裂缝防止措施则更有利。常用的措施有：

（1）应力吸收层。在控制轻度或中等程度的龟裂裂缝反射方面，应力吸收层被证明是有效的，同时，在控制温度收缩裂缝的反射裂缝方面也是有效的，和灌缝一起使用效果更好，但一般不能延缓由显著的水平和竖向位移产生的裂缝反射。

（2）集中应力释放层：7.5厘米以上厚度的裂缝集中应力释放层在控制大位移产生的反射裂缝方面是有效的，这类材料一般是低沥青含量的升级配粗集料组成的沥青混合料。

（3）锯缝与填缝。在直裂缝的对应位置，对AC加铺层进行锯缝处理。并用适当的材料填缝，这种措施对于控制反射裂缝的损坏是很有效的。

（4）增加加铺层厚度。可有效降低荷载作用下的弯曲和剪切位移，也可减少路面内的温度变化，在延缓反射裂缝和其他损坏的反射方面最为有效，但缺点是费用较高。

反射裂缝对加铺层的寿命影响很大，一旦出现反射裂缝，应及时封缝或采取其他措施处理。

（三）沥青路面加铺薄层水泥路面

1. 白色罩面技术

在旧沥青路面上加铺水泥混凝土面层，也称白色罩面（white topping），由于所加水泥混凝土层薄（5 至 10 厘米），也称超薄水泥混凝土路面（Ultra Thin White topping，简称 UTW）。

通过路的修筑与观测表明，UTW 路面是一种经济、快速、有效、简便、修复后可维持较长时间的旧沥青路面修复技术。这种做法开始是一种尝试，也是一种突破。按照传统的刚性路面设计方法，这样的面层很快就会被破坏，而实际情况并非如此。

2.UTW 的施工要求

（1）基础准备

UTW 是在旧的沥青路面上铺筑的，要求旧沥青路面有一定的厚度，通常在表面凿毛处理后，厚度应大于 8 厘米，若小于该厚度，则不宜使用 UTW，在施工前，一般要钻芯取样以测定沥青层的厚度并了解底基层的情况。旧沥青路面一般要凿毛，并用气喷或水喷法保持凿毛面清洁，以提高与罩面层的黏结力。施工前，沥青层表面应干燥，天气较热时，可以喷洒水雾以降低沥青表面温度，以防水泥混凝土中水分的蒸发，但表面不得带有自由水分，以确保面层和沥青层黏结在一起，形成复合路面结构。

（2）混凝土配合比

配合比是根据面层的厚度、交通状况和路面开放交通的时间限制来确定的，同时还要考虑地方材料情况。美国的 UTW 项目，混凝土配合比中普遍采用减水剂和超塑化剂，以提高施工和易性，有时还掺入引气剂，对路面交通开放时间较紧的工程通常采用较高的水泥用量配合比的另一个特点是普遍采用纤维增强技术，UTW 中使用的纤维有很多种，如钢纤维、聚丙烯纤维、聚烯烃纤维尼龙纤维等，其中以聚丙烯纤维应用最广。

（3）接缝切割与处理

切缝必须在路面内具有一定张度但产生开裂之前进行，一般当路面可以上人时，即可开始切缝。

（4）养护

由于 UTW 厚度很薄，其表面与体积比较大，养护时要使用养护剂。

九、沥青路面再生技术

随着我国道路养护工程的不断发展，对于沥青路面养护维修工作的改革创新也给予了高度的重视，为了最大化地减少施工中所产生的资源消耗现象以及环境污染问题等，就要对循环型道路养护方式和技术工艺等加大研究力度。其中，尤以多种道路废旧材料的再生利用技术的应用效果最为显著，不仅可以大大提升沥青路面养护维修质量，也实现了对环境的全面保护，提高了各类施工资源的利用率。因此，对沥青路面再生技术的有效应用进行深入探究，很有必要。

（一）现场再生技术的应用

1.现场热再生技术

该沥青路面再生技术指采用相应的加热设备对原有旧路面面层进行加热，直至达到一定深度后再对路面进行破碎处理，进而根据沥青老化程度，将适量的还原剂或再生剂与破碎路面进行充分拌匀，再借助碾压和摊铺设备的力量对路面进行铺筑和整平。根据施工工艺的不同，该技术一般可分为三种技术形式，即重铺再生法、复拌再生法以及加热翻松再生法，这些现场热再生技术不仅可以大大提高路面养护工程的施工效率，对现场产生的废旧沥青混合料加以合理利用，而且不会对道路正常运营造成影响，可以分车道进行施工，并且可以全面确保旧沥青路面的养护质量，进而使其柔韧性、抗渗性、抗承载能力等都能得到进一步的提升。

在实际应用时，加热翻松再生法的工作要点应先利用加热设备将旧沥青混合料路面进行加热，使其温度达到110℃至150℃后，再根据实际情况采取复拌机对路面进行翻松，并且还要将翻松材料与适量的再生剂或还原剂充分融合在一起，最后再对路面进行碾压摊铺。通常，该再生技术一般适用于路面破损不严重且面积小、无反射裂缝的沥青路面养护工程中，可以大大提升路面摩擦系数和平整度。而重铺再生法则是在加热翻松均匀拌和材料并对路面进行整平后，再在其上利用新的沥青混合料铺摊铺一层新的路面结构，在这一过程中所采取的施工工艺技术主要包括加热整形压入碎石工艺和加热整形加罩面工艺，可以很好地提升沥青路面抗滑能力及平整度、力学性能等，通常，该再生技术适用于那些破损较严重的路面和道路升级改造工程中。复拌再生法是指在路面加热到一定温度后，再利用复拌机将翻松材料与新的沥青混合料进行充分搅拌，随后还要将拌和好的混合料摊铺到路面上并碾压成型，完成路面修复。一般情况下，该再生技术较适用于路面破坏不太严重且无反射裂缝，路基力学性能满足要求的沥青路面养护改造工程中。

2. 现场冷再生技术

该沥青路面再生技术可以省去对原有路面加热工序，其在不加热的状态下直接对旧路面进行破碎和翻松处理，并将翻松材料与适量外加剂和乳化沥青进行均匀拌和，在实际应用过程中，主要采取以下两种施工工艺：第一，利用专门的再生设备对拌和好的路面材料进行除碾压以外的各道工序后，再采用压路机对路面进行整体压实；第二，利用再生剂对旧沥青路面的活性进行激活，待其表层被完全氧化后就会自动在旧路面上形成封层，从而进一步延长路面使用寿命，提升其应用功能。目前，现场冷再生技术虽然有着较低的施工成本和简便的施工操作步骤，但由于很难全面控制路面养护施工质量，所以一般将其应用于低等级沥青路面养护工程中或路面基层施工中。

3.技术应用缺陷

从整体现场再生技术的应用现状来看，其在高速公路路面养护及改造项目中的应用率十分有限，究其原因，主要是因为该技术存在以下几方面的应用缺陷所致：首先，该再生技术仅限于修复沥青路面的表面缺陷，如车辙、平整度、路拱、泛油、麻面等缺陷问题，相反，对于反射裂缝、路基强度较低以及下面层破损严重等路面缺陷的处理很难保证最终养护维修效果；其次，该再生技术在实际应用过程中，由于添加的新料较少，甚至不添加，所以就会导致混合料配合比能力降低，很难达到沥青路面养护施工所规定的级配要求；最后，现场再生技术的应用空间相对狭窄，针对表层路面缺陷的修复和处理，有着十分显著的应用效果，但是对于水损害、反射裂缝和路基强度等结构性破坏问题的处理，很难确保最终的养护修复效果，因此，还需要对该技术进行不断地创新研究，才能满足沥青路面养护工程的实际需求。

（二）厂拌再生技术的应用

1.厂拌热再生技术

该沥青路面再生技术是指采用铣刨的方式对旧沥青路面废料进行合理调整，使其在加热拌和后能够形成符合规范要求的混合料，然后再采用普通沥青路面施工技术对混合料进行铺筑摊平。为了确保最终的养护施工效果，相关技术人员必须在混合料拌和前，对旧沥青混合料中的沥青含量和老化程度以及破碎后的筛分结果以及各项指标参数等进行获取和分析，以便以此为依据，科学确定新集料的级配，使其油石比能够达到相应的设计标准要求，实现对老化沥青性能的有效改善。从应用优势来看，厂拌热再生技术已具备较为完善的再生沥青混合料实用技术体系，在沥青路面养护工程中，只要旧料配合比设计质量以及相应修复施工环节的质量符合要求，该再生技术就能切实保证沥青路面的持久性和路用性，进而使其与普通沥青路面的质量等级持平。

2.厂拌冷再生技术

该沥青路面再生技术是指将乳化沥青、常温废旧沥青混合料以及集配调整后的新集料进行充分融合，使其形成新的再生混合料，进而通过运输、摊铺、碾压成型等工序，来改善原有沥青路面的整体运行性能。据相关实践证明，厂拌冷再生技术不仅可以大大提升沥青废料及混合料的利用率，更进一步强化旧路面的路用性能，而且在施工过程中，还可以很好地控制混合料的应用性能及相关施工工艺，进而在无须加热、降低能耗的基础上，促使沥青路面达到理想的养护修复效果。此外，该再生技术的环境适应性以及可循环性较强，适用于各等级公路旧沥青路面养护施工中，能够将形成的混合料作为路面基层和底基层施工材料来使用。同时，还能利用旧料替代胶凝材料与稳定剂混合制成可用于铺筑于基层或底基层的稳定土，进而更好地提高路面结构的稳定性和抗承载能力。鉴于此，在当前大力发展绿色交通与资源循环型道路养护方式的背景下，要想进一步减少道路改造及路面养护施工中所产生的废料及环境污染问题等，就要对厂拌冷再生技术的推广和应用给予高度的重视。

在传统沥青路面养护工程中，不仅容易产生大量对环境具有一定影响的废料，而且在实际施工时，还会出现较多施工资源被浪费的情况，这在某种程度上就会与打造绿色交通，发展循环经济的政策背道而驰。因此，要想改善现状，就要对沥青路面再生技术的开发和应用加大重视度，立足于项目实际情况对其进行合理选择，并充分掌握各环节的施工要点和操作要求，确保旧沥青路面的路用性能达到最大化，使其整体使用寿命得到有效的延长。

第六章　市政桥梁工程建设管理

第一节　市政桥梁施工技术

一、桥梁桩基施工技术

（一）桥梁桩基施工技术的常见类型

1. 人工挖孔桩

人工挖孔桩施工技术的主要使用条件就是桩基比较短、直径比较小。人工挖孔桩采用人工的方式进行桩基的施工，完成整个挖掘工作，在孔形成之后再安装钢筋架，完成混凝土的施工，从而形成桩基来支撑上面部分的结构。此种施工技术涉及的施工工艺并不难，操作起来比较简单，便于进行桩基成孔的检测，与其他的技术相比具有一定的优势。

2. 钻孔灌注桩

钻孔灌注桩技术在具体实施的过程中主要有两种方式：一种是正循环钻孔，还有一种是反循环钻孔。前者主要是向钻杆内循环灌注水泥，在此过程中，钻渣的比重比较轻，往往会在泥浆的上面漂浮，再随着泥浆的上浮慢慢排出孔洞。通常情况下，钻渣越多，泥浆的浓度也随之增大，一些钻渣就会沉淀，进而降低灌注效率。

（二）桥梁桩基施工技术的实施

1. 开挖灌注桩

在开挖灌注桩时，一定要遵循设计图纸的要求规范地进行施工，尤其是前期的测量放样，要准确找出孔桩所在的中心位置，对桩位进行准确的定桩。在开挖桩孔的时候，如果桩与桩之间的距离不大，最好选择间隔开挖的方法进行施工，要对第一节井圈的中心线和设计轴线的偏差进行严格的控制。

2. 钢筋笼施工

（1）钢筋笼的制作

在对钢筋进行支架定位的施工当中，一定要准确地找好钢筋之间的距离，确保每个钢筋都是平均分布的，间距要保持在要求的范围内。在完成钢筋焊接的施工中，定位圈的焊接可以在钢筋笼的内部进行。

（2）钢筋笼的安装

在进行施工之前，应该检查孔内是否有残渣，或者是否有塌陷的地方。在确保了质量以后才可以安装钢筋笼。在此过程中要特别注意钢筋笼的搬运工作，尽可能避免其形状发生变化，安装的时候应该将位置对准，并且迅速地将钢筋笼对准孔内，缓慢地放进去，尽量不要触碰孔壁，防止孔壁发生变形。

（三）桥梁桩基施工技术的要点

1. 桩基灌注施工技术的要点分析

在桩基灌注施工的过程中，涉及施工技术的控制要点主要体现在两个方面：第一，在桩基灌注之初，要将适当数量的缓凝剂加到混凝土当中，及时地进行导管掩埋深度测量，保证灌注速度和灌注量处于适当水平；第二，整个施工一定要按照规范的要求进行，严格控制埋管深度。

2. 桩基钻孔施工技术的要点分析

在桩基钻孔施工的过程中，施工技术的控制要点体现在三个方面：第一，钻孔之前一定要认真地对钻机底座进行检查，确保稳定；第二，钻孔之前要了解地貌变化情况，进行有效的事前控制，结合实际情况选择合适的钻孔方法；第三,一旦出现了钻孔倾斜的问题，要及时进行原因分析，并做好加固工作。

（四）常见问题及策略

1.孔壁坍塌现象严重

根据实际的施工情况来看，护壁或者是护筒过程中可能会出现水泥使用量不够，导致工程出现坍塌的现象，或者工程本身的施工条件不太好，又没有进行专业的处理，孔内部的泥浆太低，进而产生孔壁坍塌的现象。所以，在钻井时，施工人员应该向钻孔中补足泥浆，这样做可以将孔内的水位提高，减少失误的出现，防止孔壁坍塌现象发生。

2.孔壁倾斜的现象经常出现

市政桥梁的桩基施工中，还有一个问题就是对地基的勘察工作不够全面和深入。在钻孔的时候，经常会遇到大的石块或者是比较坚硬的土层，这些问题不提前发现和及时处理，就会导致孔壁倾斜的现象出现。这就需要施工人员结合实际情况，做好前期的工作，遇到问题及时采取有针对性的措施进行处理。

二、预应力施工技术

随着经济的发展，城市的交通量增加，进而增加了桥梁的压力荷载和交通荷载，为了保证桥梁的正常通行，就需要对桥梁结构进行加固，而预应力施工技术在桥梁加固中得到了很好的应用。预应力施工技术的应用，能够很好地对桥梁的实际结构进行加固，并且能够优化桥梁的部分结构。通过优化和加固之后的桥梁，可以减少混凝土的应变程度，进而使桥梁可以产生较好的压应力。桥梁在受到荷载的作用时，就能够通过压应力来抵消拉应力，降低各种荷载对桥梁产生的不利影响。

（一）预应力施工技术在多跨连续桥梁施工中的应用

多跨连续桥梁是市政桥梁建设中的主要桥梁结构类型，因为其自身的特点，多跨连续桥梁结构当中会产生弯矩，这样将会影响到桥梁支座部位以及中间部位的稳定性，如果处理不当，将会威胁到整个桥梁的稳定性。应用预应力施工技术，能够解决这一问题。

在正弯矩和负弯矩钢筋连接的位置使用碳纤维材料来简化施工程序，并且在桥梁负弯矩和正弯矩的部位借助预应力施工技术进行加固，可以保证桥梁的稳定性。同时，采用这一技术，还能够有效预防裂缝产生，提升桥梁的抗弯能力，一举两得。

（二）预应力施工技术在桥梁弯矩施工中的应用

在市政桥梁建设中，受弯构件是这个结构当中的重要组成部分。如果在桥梁投入使用之后，其应力或者是压力超出桥梁本身能够承受的限值，桥梁的弯曲构件就会断裂，影响桥梁的使用性能和使用寿命。为了避免这种现象发生，延长桥梁的使用寿命，在施工中，可以采用预应力施工技术，对弯矩构件进行加固。加固过程可以选择强度较高的碳纤维材料。

（三）预应力施工技术在混凝土结构施工中的应用

市政桥梁施工中应用预应力施工技术，经常会出现一定的问题，裂缝就是较为突出的问题。通常，在施工过程中，裂纹在预应力施工之前就已经产生了，而桥梁工程中裂缝的出现也更为常见，裂缝也是钢筋混凝土结构施工中不可避免的问题。裂缝的产生主要是因为温差较大，合理地控制温差能够减少裂缝的产生。

将预应力施工技术应用到混凝土结构的施工中，能够对施工中出现的裂缝进行有效的控制。具体来讲，在桥梁混凝土结构施工过程中，如果在受拉力的区域事先施加压力，当混凝土结构和构件在受到外部压力的时候，将会缓冲并抵消混凝土中的预压力，之后才能够受到外部的压力，通过这种方式，就能控制混凝土的伸长程度，降低裂缝出现的概率。

（四）预应力施工技术在桥梁施工中应用的具体对策

将预应力施工技术应用到桥梁施工当中，为了最大限度地发挥其优势，需要注意以下几点。

1. 根据施工要求选择恰当的钢绞线

在桥梁工程施工之前，施工人员和现场的技术人员需要沟通合作，全面了解桥梁工程的信息，对于桥梁的结构、选择的技术、施工设备、施工材料等数据信息都要十分清楚。同时，要在施工前选择恰当的钢绞线。选择时，要考虑到经济实用和美观方便的要求，以更好地突出桥梁设计的特点。因为低松弛钢绞线有着实用性能强、工程造价低的优势，所以在将预应力施工技术应用到桥梁施工过程中时，低松弛钢绞线应用非常广泛。

同时，施工人员在选择钢绞线的时候还需要以桥梁工程的实际要求为出发点，并结合其延伸率、松弛率以及其他几何参数，选择最佳的钢绞线。

2. 正确分析预应力的影响

在将预应力施工技术应用到桥梁工程项目的施工建设当中时，为了更好地发挥其作用，施工人员必须正确分析预应力的影响，这样才能更好地应用预应力施工技术。施工人员和设计人员要进行交流，现场技术人员要结合不同数据和信息进行分析，制作出大致的框架分布图，对桥梁工程的预应力进行综合全面的分析，并针对现场的问题设计应急预案，分析应急预案的科学性和可行性。

3. 合理选择施工工艺

预应力施工技术可以分为先张法预应力施工技术和后张法预应力施工技术。在实际施工中，要根据具体情况选择恰当的施工技术。以后张法预应力施工技术为例，在支架和模板施工中，一般会应用到这一技术。由于许多市政桥梁工程建设区域地质不稳定，地基的承载力不能满足要求，因此施工中可以采用钻孔灌注桩施工技术，先浇筑混凝土横梁，之后合理搭设碗扣支架。模板安装则需要按照程序规定进行操作。

预应力施工技术的应用，有效提升了桥梁结构的稳定性，保障了桥梁的质量和使用性能。随着技术的发展，预应力施工技术也在逐步地完善，其在路桥工程中的应用也越来越广泛。为了更好地发挥其作用，必须深入研究预应力施工技术的应用特点，并结合工程实例科学地进行分析。

第二节　市政桥梁施工机械化及智能化控制

一、桥梁施工机械化与智能化发展

外工程机械早在 20 世纪早期就开始发展，具有代表性的是 1904 年卡特彼勒前身 HOlt 制造公司成功研制第一台蒸汽履带式推土机，这成为早期国外研发制造工程机械的开端。我国工程机械的发展是从新中国成立后开始的。

为了从根本上改善我国的建筑工业，必须积极地有步骤地实行工厂化、机械化施工，逐步完成对建筑工业的技术改造，逐步完成向建筑工业化的过渡。此外，《关于加强和发展建筑工业的决定》还指出，重点工程，即重要的工业厂房、矿井、电站，大的桥梁、隧道、水工建筑等工程，必须积极地提高工厂化施工的程度，积极采用工厂预制的装配式的结构和配件，尽快提高机械化施工的水平。

1964 年 10 月，夏孙丁、王川等在《唐山铁道学院学报》上发表的《桥梁建筑工业化的现状和发展趋向》中提出了实现桥梁设计标准化、实现桥梁构件制造工厂化、实现桥梁施工机械化，即"三化"的发展趋势。

《国民经济和社会发展第十一个五年规划纲要》强调，推进建筑业技术进步，完善工程建设标准体系和质量安全监管机制，发展建筑标准件，推进施工机械化，提高建筑质量。标准化施工的提出和开展，提高了施工的机械化水平，促进了更多桥梁专业机械设备在工程施工中的应用。

随着科技的进步，桥梁施工机械化程度不断提高。如何改进和实现桥梁施工机械设备现代化，满足发展要求，成为机械设备加工行业研究的方向，也是满足市场需求条件的要求。

2011 年，第十一届中国（北京）国际工程机械、建材机械及矿山机械展览与技术交流会的顺利落幕，促进了工程机械行业的发展与技术交流，体现了绿色、变革擎起未来的发展趋势。

2013 年，第十二届中国（北京）国际工程机械、建材机械及矿山机械展览与技术交流会的顺利举办，促进了工程机械新技术、新产品的推广，体现了效率更高、节能减排、降低噪声污染等行业发展趋势。

2015 年，第十三届中国（北京）国际工程机械、建材机械及矿山机械展览与技术交流会召开，各大企业在不断转型升级中，新产品也不断革新，这次展览会充分体现了工程机械智能化、数字化、互联网化、节能化、环保化等特点，对整个工程机械行业的生态模式产生了巨大的影响。智能控制系统在工程机械上的应用，促进工程机械产品向高效、节能、环保、智能方向发展，有利于实现我国工程机械的整体升级换代。未来，除了应用于装载机、挖掘机外，智控系统也将逐步推广到叉车、小型机、桩工、混凝土机械等其他产品领域，开创工程机械智能产品的全新时代。

随着我国经济、社会持续发展，桥梁施工作业集约化、规模化程度不断提高，传统、低效、半机械化的各种加工设备已不能适应现代施工要求。工厂化、规模化、标准化、精细化、便捷化、高效化、智能化对桥梁施工机械设备提出了更高的要求。大型、特种、专用工程机械和技术含量高、能耗低、功能完善、操作维护简单的产品不断出现，桥梁施工设备升级换代速度加快，设备品种、应用不断丰富。

二、桥梁机械化施工

（一）先进设备的引进

随着我国桥梁建设事业的迅速发展，桥梁施工设备也随之向集成化、自动化、智能化方向发展，一些先进设备也得到了应用和推广。施工机械化程度，对工程建设的投资控制、进度控制和质量控制起着十分重要的作用。许多桥梁工程项目按照标准化、精细化、专业化施工要求引进了一些先进的钢筋加工设备、混凝土施工设备、双导梁架桥机及一些精细化施工采用的先进小型设备。

（二）先进设备的应用

1. 钢筋加工设备

钢筋是桥梁建设过程中必不可少的材料之一，为适应桥梁建设需要，许多桥梁工程项目按照标准化、精细化施工要求，大力推行钢筋工厂化、机械化、专业化加工，确保在半成品制作规范、合格的前提下采用先进安装工艺，消除钢筋骨架尺寸不合格、保护层难以控制、钢筋制作安装质量低的问题。

桥梁施工中采用了几种新型的钢筋加工设备，如数控钢筋调直切断机、数控弯曲中心、数控钢筋弯箍机、全自动钢筋笼滚焊机、钢筋直螺纹连接设备等。提高了钢筋加工的效率、精度，降低了对钢筋原材的损耗。

（1）数控钢筋调直切断机

数控钢筋调直切断机用于盘条钢筋调直、钢筋切断。

工作原理：钢筋在牵引机构的送进过程中通过外部辊轮式预矫直和内部筒式回转调直机构将盘条钢筋调直，然后由切断机构定尺切断。

使用时，首先要设定好加工长度和数量，然后系统自动进行加工，可以自动定尺、自动切断、自动收集、自动计数。采用的 GT-12 数控钢筋调直切断机，标示图标明白易懂，显示屏输入，操作简单，容易掌握：调直效率高，平均每分钟可调直约 180 米；定尺长度误差可控制在 1 毫米以内，调整精度可控制在 1 毫米以内，调直精度高；具有自动监控、自动报警系统，便于故障查找和排除，加工可靠性高。

（2）数控弯曲中心

数控弯曲中心用于加工棒材钢筋，由原材输送台、弯曲主机、导轨、成品收集架四部分组成，可一次性加工多根同规格的钢筋。首先，人工要将弯曲尺寸输入到操控中心，然后，主机开始工作，自动进行定位、弯曲，完成后自动收集到指定位置。

采用数控弯曲中心制作钢筋，自动化程度高，精确的齿条定位系统能提高弯曲长度、弯曲角度的精确度。并且，数控弯曲中心能够自动计数，大大降低了劳动强度，提高了钢筋加工精度和工作效率。可视化故障报警功能使设备管理更加便捷。

（3）数控钢筋弯箍机

数控钢筋弯箍机主要用于冷轧带肋钢筋、热轧三级钢筋、冷轧光圆钢筋和热轧盘钢筋的弯钩和弯箍。桥梁工程钢筋加工中数量最多的就是各种箍筋，对钢筋骨架整体成型效果影响最大的也是箍筋。采用普通弯箍机加工效率低、精度低，不能满足现在高标准的桥梁施工要求。因此，许多项目在钢筋制作中采用了数控钢筋弯箍机进行箍筋的工厂化加工。数控钢筋弯箍机角度调节范围广，0 至 180° 可任意调整，能弯曲方形、梯形箍筋和 U 型钩等；定尺准确，大大提高了施工效率和施工质量，预制构件大批量箍筋的加工效果非常好。数控钢筋弯箍机可在操控中心系统预先输入 500 种加工图形，加工时只需调出使用，钢筋调直、牵引、弯曲、切断全过程自动完成。1 台设备只需要 1 个工人进行操作便可完成，自动化程度高，大大降低了劳动强度。后期维修保养简单，只需更换刀片、弯曲芯轴等，使用成本相对较低。

（4）全自动钢筋笼滚焊机

全自动钢筋笼滚焊机由主盘旋转、推筋盘推筋、扩径机构移动、焊接机构移动四部分传动系统组成，并由各自独立的电机进行驱动。要预先设定制作参数，采用机械旋转，主筋和盘筋缠绕紧密，间距比较均匀。先成型后加内箍筋，确保钢筋笼同心度满足规范要求。一次性焊接成型，加工精度高，速度快。

全自动钢筋笼滚焊机配套有螺旋箍筋调直机，在主筋下料完成后，能自动完成主筋和螺旋筋上料、定位和安装工作，且相邻两节钢筋笼主筋能同时定位，能保证钢筋笼拼装的准确性。

传统施工工艺加工钢筋笼多采用人工和辅助工具进行主筋固定、螺旋筋缠绕及焊接，加工效率低，劳动强度大。由于是人工操作，加工精度相对难以控制，极大程度上取决于工人的加工经验、水平及业务素质。

在使用全自动钢筋笼滚焊机施工时，箍筋不需搭接，与手工作业相比节省了1%的材料，降低了施工成本。由于采用的是机械化作业，主筋、螺旋筋的间距均匀，钢筋笼直径一致，质量稳定可靠。由于主筋在其圆周上分布均匀，多个钢筋笼搭接时很方便，既满足规范要求，又节省了吊装时间。使用全自动钢筋笼滚焊机加工钢筋笼保障了施工质量，提高了工效，降低了成本。

（5）钢筋直螺纹连接设备

钢筋连接方式有三种：绑扎连接、焊接和机械接头连接。绑扎连接仅在钢筋构造复杂、施工困难时采用；焊接对焊工的技术要求高，需要较多的电焊机，且花费时间较长，高空焊接时操作困难，无法适应现在又快又好的作业要求；机械接头连接工艺有锥螺纹连接、套筒挤压连接、直螺纹连接（微粗直螺纹连接、滚压直螺纹连接、剥肋滚压直螺纹连接）。精细加工丝头是钢筋直螺纹连接接头质量的根本保证。

以剥肋滚压直螺纹连接设备为例，其操作工艺为：首先将切好的钢筋端头夹紧在设备上，利用滚丝头前端同轴组合飞刀对钢筋的纵横肋进行切削，使钢筋滚压螺纹部分的直径及长度满足滚压直螺纹的要求，然后利用控制器使飞刀张开，螺纹滚丝头随即跟进滚压螺纹，形成丝头。

套筒与丝头的咬合是否密贴也是影响钢筋直螺纹连接质量的因素，所以，在加工丝头前要对钢筋端头进行切平，保证钢筋端面与钢筋轴线垂直。加工好的丝头要进行打磨去刺，磨平端面，确保与套筒连接时咬合密贴。

钢筋直螺纹连接设备及工艺的特点：操作简便、施工效率高、丝头强度高、连接质量稳定、节约钢材、经济、安全。

（6）钢筋存放、吊装设备

钢筋加工厂棚采用轻型钢结构彩钢瓦进行搭设，顶面和两侧墙设有透光瓦，以增强光线度。钢筋加工棚设有钢筋原材区、加工区、半成品区和成品区，分类堆放，编码整齐，清晰有序，有利于管理。显眼处挂有统一规格标示牌，成品、半成品的标示牌包含钢筋规格型号、设计大样图、用途、质量、状态等信息，便于查找选用，避免出现查找难、尺寸和规格不相符等管理通病。棚内设两台 5 吨龙门吊，用于装卸钢筋原材及半成品调运。

2.大跨径现浇连续梁施工设备

（1）混凝土运输车

在浇筑大方量混凝土之前必须对混凝土运输车进行检查，确保车况良好，混凝土运输车配置数量根据混凝土浇筑方量确定。为保证混凝土的供应质量，混凝土自搅拌机中卸出后，要及时运至浇筑地点，路途中不得耽搁。在运送混凝土时，搅拌筒转速应控制在 2 至 5 转／分钟，总转数控制在 300 转内。若混凝土的运输距离较长或坍落度较大，出料前应先将搅拌筒快速转动 5 至 10 转，使里面的混凝土能充分搅拌，这样出料的均匀性就会大大提高。运输过程中要保持混凝土的均匀性，避免分层离析、泌水、砂浆流失和坍落度变化等现象发生。

（2）汽车泵

汽车泵型号要根据桥梁长度及两侧施工空间确定。泵送对混凝土和易性（流动性、保水性、黏聚性）要求较高，混凝土的泌水率要符合要求，否则容易引起混凝土在泵送过程中发生堵泵现象。对于高标号混凝土，坍落度通常在200毫米左右才能满足泵送要求，坍落度也不能过大，否则容易发生离析，并且会堵泵。此外，泵送混凝土对材料的级配有一定的要求，要求砂、石料的级配比较好。因此，一般泵送混凝土会加入一定量的泵送剂，改善混凝土的和易性，使混凝土能顺利从泵管中输出。

汽车泵在现浇混凝土中的应用，缩短了施工时间，避免产生施工缝；节省了运送过程产生的附加成本，减少了混凝土浪费；泵送可以保持混凝土中的水分，保证浇筑质量；采用手持操作器，一个人就可以指挥泵送杆进行操作，可大量节省浇灌时的人力。汽车泵具有布料方便、泵送量大、便于施工的特点，目前在大体积、高空作业的现浇混凝土施工中被普遍采用。

（3）钢绞线穿索机

钢绞线穿索机由机械进行传动，滚轮夹持钢绞线进行传送，可以前进，可以后退，可以连续传送，也可以电动传送，由人工手动控制按钮进行操作。钢绞线穿索机在穿束前只需要人工搭设好操作平台即可，操作方便，效率高，穿束质量好，是长跨径连续梁预应力钢绞线穿束的理想设备。以往人工穿束最少需要5至6人进行作业，采用穿索机只需2人便可完成穿束工作，大大降低了劳动强度，节约了人力资源。

3.双导梁架桥机

（1）双导梁架桥机的组成及特点

双导梁架桥机由双主导梁、支腿、吊梁小车、走向机构、横移机构、电控系统组成。

主导梁采用三角桁架，可以双向行走，不用掉头便可反方向架梁；过孔不需要铺设专用轨道，可自平衡过孔；架设边梁时可一次到位，安全可靠；同时，能够满足大坡度、小半径曲线桥、45°斜桥架梁的要求，具有运行工作范围广、性能优良、操作方便、结构安全的特点。

（2）架桥机使用要求

架桥机要有架桥机制造许可证、出厂合格证、生产厂家营业执照、设备维修记录等资料；架桥机操作人员要有特种作业操作证；运梁车（炮车）要有出厂合格证，司机要有操作证。

架桥机安装前要制订安装、拆除方案，并经本单位技术负责人、监理单位总监理工程师审批同意。架桥机由具有资质的单位或专业人员安装，安装完成后要经过当地质量监督部门验收合格方可使用。

架设前，要制订架梁、运梁施工方案，做好运梁、架梁作业指导书、技术交底和安全交底。

4. 三辐轴振动整平机

三辐轴振动整平机是常见的桥面整体化层施工设备。三辐轴振动整平机主体部分是一根起振密、摊铺、提浆作用的偏心振动轴和两根起驱动整平作用的同心轴，振动轴始终向后旋转，而其他两根可以前后旋转。

工作时，机械向前运动，振动轴向后高速旋转，通过偏心振动，使混凝土骨料下沉，砂浆上浮，起到提浆作用；同时将振动轴前方的混凝土向前推移，行进过程中填平低陷处，起到整平作用；后退时停止振动，实施静滚压，消除振动轴甩浆时留下的条痕；三辐轴振动整平机一般要进行2至3遍往返作业，并且需要人工配合整修、填平、检查，必要时采用刮杠辅助整平。由于三辐轴振动整平机的振捣深度一般为3至5厘米左右，而桥面整体化层一般为10厘米，所以施工时还要配备一台安有插入式振动棒的振捣机，具备自动行走功能，确保混凝土振捣均匀、密实。

三辐轴振动整平机具有振捣、摊铺、提浆、整平的作用，具有自动行走、施工方便、速度快、整平精度高、坚固耐用、维护保养简单的优点，是桥面整体化层施工较好的施工设备。

5. 桥梁施工小型设备

随着近年桥梁施工精细化要求的提出，小型设备随之被应用在桥梁施工中，代替手工作业，改善了施工质量，降低了劳动强度，提高了施工效率，也降低了施工成本。

（1）混凝土凿毛机

近年来，新旧混凝土接合部的处理，引起了广泛的关注和研究。混凝土凿毛质量直接影响了混凝土构件黏结质量，箱梁主要对翼缘板端部、梁端、横隔板端部以及顶板进行凿毛。翼缘板端部和横隔板端部凿毛质量是影响箱梁横向连接的重要因素，梁端凿毛质量影响封端的质量，箱梁顶板的凿毛质量影响桥面整体化层施工质量。桥面整体化层表面浮浆不处理，会造成防水层失效，桥面铺装剥离、破坏。

为了预防新旧混凝土接合部的质量通病，加强混凝土凿毛质量控制，经过市场调查和工艺比选，本节选取气动手持式凿毛机进行箱梁端部的凿毛，选取手推式凿毛机进行箱梁顶板的凿毛，选取抛丸处理的方法进行桥面整体化层表面浮浆的处理。

气动手持式凿毛机采用空压机辅助，在压缩空气的推动下，以高速度、高频率和高冲击力击碎混凝土表面，达到凿除表面浮浆的效果。每台机器只需要一人进行操作，平均每小时可凿毛 10 至 15 平方米，凿毛深度均匀，密度高，改善了以往手工凿毛密度不够、深度不匀的通病。气动手持式凿毛机机型小，机身轻便，具有移动方便、操作简单、效率高的特点，适用于箱梁翼缘板端部、封锚端头、横隔板端部的凿毛。

手推式凿毛机是由多个凿毛头组合而成的整体式手推移动的凿毛机，每个机器有 11 个凿毛头，凿毛头采用高优质铝钢合金制作，凿击频率可达每分钟 24000 次，每小时凿毛面积可达 30 至 100 平方米，因混凝土强度不同，效率有所差异。一般情况，在混凝土强度达到 50% 左右进行凿毛，效率会高些。由于箱梁顶板设有桥面连接钢筋，需沿梁长方向凿完一道再移至另一道继续凿毛。手推式凿毛机适用于面积不大的箱梁顶板，具有凿毛效率高、操作方便、凿毛效果佳的特点。

抛丸处理是指通过机械的方法把丸料（钢丸或砂粒）以很高的速度和一定的角度抛射到混凝土表面，让丸料冲击混凝土表面，然后通过机器内部配套的吸尘器的气流进行清洗，将丸料和清理下来的杂质分别回收，丸料可以被再次利用的技术。桥面整体化层一般采用车载式抛丸设备，配有除尘器，可做到无尘、无污染施工，既能提高效率，又能保护环境。抛丸机操作时通过控制丸料的颗粒大小、形状，调整和设定机器的行走速度，控制丸料的抛射流量，确保抛丸处理后桥面具有理想的粗糙度。抛丸处理工艺能够一次将混凝土表面的浮浆、杂质清理和清除干净，对混凝土表面进行打毛处理，使其表面均匀粗糙，大大提高防水层和混凝土基层的黏结强度。不仅如此，抛丸处理工艺能够充分暴露混凝土的裂纹等病害，以便提前采取补救措施。

（2）混凝土抹平机

桥梁支座垫石顶面高程、平整度、四角相对高差，规范允许值只有2毫米，以往施工中为了确保垫石施工质量，采用水准仪精准测量和水平尺辅助人工多次抹面的方法进行控制。而桥梁支座垫石施工中采用混凝土抹平机进行抹面处理效果更好。抹平机利用电机使十字盘旋转带动安装在其上面的抹盘做同步旋转，对混凝土表面进行抹光处理。经过混凝土抹光机处理的支座垫石表面较人工抹面更加平整、光滑，大大提高了工作效率，降低了劳动强度。混凝土抹光机除了用于支座垫石抹平外，还可用于其他部位混凝土顶面的抹平处理。

（3）混凝土钻孔机

桥面泄水孔一般都是从箱梁预制时就要在箱梁顶板进行预留，通常采用预埋PVC管或者制作可取出反复利用的钢筒进行预留孔洞。以设计尺寸为直径 150 毫米的桥梁泄水孔为例，若采用 PVE 管预留泄水孔，一是材料使用较多，二是往往难以取出，市场上的 PVC 管直径 150 毫米指的是外径，导致实际孔径往往不够；若预埋直径偏大的 PVC 管，又造成后续封堵困难，较好的做法就是制作直径符合要求的钢筒来预留孔洞。箱梁预制时泄水孔预留误差、架设时梁板偏位的误差、桥面整体化层施工时预留泄水孔的误差累积起来，会导致泄水管无法安装。针对这种情况，采用混凝土钻孔机进行泄水孔钻孔处理，采用 168 毫米钻头，直径大小正好，1 台机仅需 1 人便可进行操作，每天 8 小时可钻 20 至 30 个孔。采用混凝土钻孔机处理预留孔可一次到位，施工方便，效率高，能较好地解决泄水管安装的问题。

桥梁施工中大量引进和应用新型、专业化、自动化机械设备，克服了传统手工作业和半机械化作业劳动强度大、施工误差大、施工效率低的缺点。提高机械化程度，选择先进、专业化的机械设备，能够促使桥梁施工向专业化、精细化发展。

三、桥梁智能化施工

桥梁结构耐久性是影响桥梁安全、结构寿命的关键因素，上部结构的提前损坏，如早期下挠、开裂等病害，以及桥梁安全事故发生是国内交通行业日益关注的问题。桥梁施工往往都是靠人的手工操作来实现的，然而受人为手工操作误差、人员素质参差不齐等原因的影响，桥梁施工很难达到理想的效果。因此，近些年很多企业研发了桥梁智能化施工控制工艺和设备，实践证明，与以往手工操作相比，桥梁智能化施工控制工艺和设备取得了相当可观的成效。

（一）智能张拉在桥梁施工中的应用

随着桥梁工程的发展，预应力施工技术已被广泛应用于各种结构的桥梁中，预应力施工质量的好坏，直接影响结构的耐久性。不少桥梁因为预应力施工不合格，被迫提前进行加固，严重的甚至突然垮塌，给社会造成了巨大的生命财产损失。分析原因，主要是因为在传统的张拉工艺中，施工人员凭经验手动操作，人工读数、计算、判断预应力施工的质量，误差很大。

为了消除手动操作误差，提高预应力施工质量，杜绝人为因素对施工质量的影响，现代桥梁工程引进了智能张拉设备及施工工艺。

1. 智能张拉设备

国内近些年对智能张拉设备开展研究的单位很多，如湖南联智桥隧技术有限公司、西安璐江桥隧设备有限公司、上海同禾土木工程科技有限公司、上海耐斯特液压设备有限公司、柳州泰姆预应力机械有限公司等。这些公司研发出了许多智能张拉设备，在不同的工程中得到了应用。笔者以西安璐江桥隧有限公司生产的四台千斤顶、两台控制主机的成套智能张拉设备为例进行分析。

预应力智能张拉设备由千斤顶、电动液压站、高精度压力传感器、高精度位移传感器、变频器及手持遥控器控制箱组成。

工作原理：通过手持遥控器控制箱进行操作，控制两台控制主机同步实施张拉作业，控制主机根据预设的程序发出指令，同步控制每台设备的每一个机械动作，自动完成整个张拉过程，实现对张拉控制力及钢绞线伸长量的控制、数据处理、记忆存储、张拉力及伸长量曲线显示。手持遥控器控制箱由嵌入式计算机、无线通信模块、数据储存卡等构成，可实现与主机智能通信、人机交互、与 Pe 机通信的功能，可通过与电脑连接，随意调取、打印张拉数据。手持遥控器控制箱通过传感技术采集每台张拉设备（千斤顶）的工作压力和钢绞线的伸长量等数据，并实时将数据传输给系统主机进行分析判断，实时调整变频电机工作参数，从而实时调控油泵电机的转速，实现张拉力及加载速度的实时精确控制。

2. 智能张拉施工工艺

（1）准备工作

按照《公路桥涵施工技术规范》（JTG/T3650—2020）对钢绞线进行取样检验，钢绞线的力学性能和松弛率符合要求方可使用。通过检测可得到钢绞线的弹性模量，计算钢绞线理论伸长值，复核设计伸长值是否正确。

张拉开始前要按规定对千斤顶和油泵进行配套标定，得到千斤顶和油压表之间的对应回归方程。

技术人员利用外带笔记本电脑将梁号、孔道号、千斤顶编号、回归方程、设计张拉控制力值、钢绞线的理论伸长量等数据及预应力施工记录输入手持遥控器控制箱。

对预留孔道孔口进行清理，确保工作锚具、夹片能按照规范要求安装。预应力钢绞线在安装之前一定要采用扎丝进行编束，扎丝间距1.5米，确保钢绞线编束整齐，避免在孔道内缠绕。整束钢绞线的端部要进行包裹，避免在穿束过程中发生散头现象。

（2）张拉过程

连接好线路，锚具、千斤顶安装到位，测试正常后按照设计张拉顺序启动自动控制系统进行张拉。张拉作业时，操作人员利用手持遥控器控制箱上的选择键，确定当前所张拉的梁号和孔道号，油泵在手持遥控器控制箱控制下工作，给千斤顶缓慢供油，操作工人调节工作锚、限位板、千斤顶及工具锚的相对位置，等两端张拉设备全部安装调整到位。两端千斤顶到随意的一个很小的力值时，安装工作完成。两端张拉施工人员撤离，采用遥控器启动自动张拉程序，整个张拉过程由智能张拉设备自动操作完成。当张拉力达到控制张拉力时，油泵自动停止工作，并且对伸长量是否满足规范要求作出判断。按照设定的持荷时间持荷后，千斤顶自动回油收回张拉缸，取出工具夹片、锚具，该组预应力束张拉工作完成，便可移顶进行下一组预应力束张拉。

智能张拉过程中如果应力或伸长量出现异常，应立即停止张拉工作，检查设备运行是否正常，锚垫板、夹片、千斤顶等安装是否正常，管道是否进浆堵塞。根据智能张拉主机显示的数据规律和设备情况，查找原因，并及时进行处理。

（3）张拉数据输出

手持遥控器控制箱内置大容量储存器，可以保存多组张拉参数及张拉数据。通常，在当天完成张拉工作后，将手持遥控器控制箱中的数据输出至电脑端，直接生成预应力张拉原始数据报表，可供查看、打印。

3. 预应力智能张拉的特点

（1）能够精确施加张拉力

智能张拉依靠计算机运算，应力读取速度快，能精确控制施工过程中所施加的预应力的值。

（2）能够及时校核伸长量，实现"张拉力和伸长量的双控"

系统传感器实时采集钢绞线伸长量数据，反馈到计算机，自动计算伸长量，比人工计算速度快，能够及时校核伸长量是否在 ±6% 范围内，实现应力与伸长量同步"双控"。

（3）实现多顶对称两端同步张拉

自动控制系统通过计算机控制两台或多台千斤顶的张拉施工全过程，同时、同步对称张拉，实现了"多顶对称、两端同步张拉"。

（4）智能控制，规范张拉过程

智能张拉自动化控制系统自动采集、保存张拉数据，自动计算总伸长量，自动控制停顿点、加载速率、持荷时间等，能避免人工读数误差，以及人工操作不规范造成的数据误差。智能张拉自动化控制系统具有高精度和稳定性，完全排除人为因素的干扰，能有效确保预应力张拉施工质量。

（5）便于质量监督、管理

业主、监理、施工、检测单位在同一个互联网平台，实时进行交互，突破了地域的限制，能及时掌控预制梁场和桥梁预应力施工质量情况，实现"实时跟踪、智能控制、及时纠错"，有利于控制施工质量，保障桥梁结构安全。

（6）节约人力资源，降低管理成本

人工张拉要实现四顶两端对称张拉，最少需要 6 个人来完成操作，而且张拉时间较长。采用智能张拉，只需要 3 个人便可完成操作，大大节约了人力资源，提高了工作效率，降低了管理成本。

（二）智能压浆在桥梁施工中的应用

在桥梁工程施工过程中，预应力钢绞线主要通过水泥浆体与周边混凝土有效结合，实现锚固可靠性的提升，进而有效提升桥梁结构的抗裂性能与承载能力。在桥梁工程的施工过程中，若预应力管道压浆密实度不够，内部孔隙过大，则会对结构的耐久性造成非常大的影响，进而影响整个桥梁结构的使用寿命。管道压浆施工质量近年引起了人们的广泛关注和高度重视。

1. 管道压浆质量判断

《公路桥涵施工技术规范》中规定：当压浆的充盈度达到孔道另一端饱满且排气孔排出与规定流动度相同的水泥浆时，关闭出浆口，稳压 3 至 5 分钟，孔道压浆完成。压浆后可通过检查孔检查压浆的密实情况，即在压浆初凝后从进浆孔或是排气孔用探测棒探测管道是否饱满，有无空洞；或者通过计算浆体压进孔道总量和孔道缝隙体积及喷浆体积的关系来确定密实度。

这些常规的判断方法误差较大，不能从根本上反映管道压浆的真实情况。随着人们对管道压浆质量的日益重视，如何控制压浆质量、如何判断管道压浆是否真正密实，成为亟待解决的问题。近年来，我国很多企业经过大量试验，研发了智能压浆控制系统，通过主机显示的进、出浆口压力差来判断管道是否充盈密实，以及测定压力差是否在一定的时间内保持恒定。该系统通过多个参数自动判断压浆饱满度，并能实时显示，便于及时进行质量管控，对提升管道压浆质量起到了积极的作用。

2. 智能压浆设备

智能压浆设备主要由进浆口测控箱、出浆口测控箱及主控机三部分组成，实时监测压浆流量、压力和密度参数，同时通过控制模型计算，自动判断关闭出浆口阀门的时间，及时、准确地关闭出浆口阀门，自动完成保压、压浆。

智能压浆设备的工作原理：智能压浆系统主要通过压力进行冲孔，使得管道内部的杂质得以排尽，有效消除管道内部压浆不密实的情况。此外，在预应力管道的进浆口与出浆口，通过安装精密的传感器装置，实现水胶比、管道的压力、压浆流量等参数的实时监测，并将监测的数据及时发送至计算机主机，结合主机的分析与判断，对相应测控系统进行反馈，使得相应的参数值能得到及时调整，直至整个压浆过程顺利完成。

3. 智能压浆施工工艺

（1）准备工作

压浆材料准备：《公路桥涵施工技术规范》中建议采用专用压浆料或专用压浆剂配置的浆液进行压浆。

设备准备：按照智能压浆设备结构连接好搅拌桶、压浆泵、进浆口测控箱、出浆口测控箱及主机。

管道冲洗：利用压浆设备直接进行预应力管道冲洗。

（2）智能压浆施工过程

管道压浆料水泥浆按照水胶比 0.26 至 0.28 分批进行拌制。首先计算好所需水量和压浆料，并用称量设备称量准确后，先在搅拌机中加入 80% 至 90% 的拌和水，开动搅拌机，均匀加入全部压浆料，边加入边搅拌，待全部压浆料加入后，先快速搅拌 2 分钟，再慢速搅拌 1 分钟，然后加入剩余的 10% 至 20% 拌和水，继续搅拌 1 分钟，水泥浆拌和完成。采用两次加水拌制水泥浆，能够使水泥颗粒表面形成较薄的水膜，减少水泥颗粒之间的包裹水，提高水泥浆的流动性。

水泥浆拌和好后，利用主机开启智能压浆系统，整个过程只需供应好足量的水泥浆便可自动完成孔道压浆，一个孔道压浆完成后，移至另外一个孔道，直至整个箱梁孔道全部完成压浆工作。

智能压浆设备在管道进、出浆口分别设置有精密传感器实时监测压力，并实时反馈给系统主机进行分析判断，测控系统根据主机指令进行压力的调整，保证预应力管道在施工技术规范要求的浆液质量、压力大小、稳压时间等重要指标的约束下完成所有孔道的压浆，确保压浆饱满和密实。

4.管道智能压浆的特点

（1）精确控制水胶比，确保管道压浆密实

采用智能压浆设备，能够控制水胶比为0.26至0.28，杜绝了人为控制的随意性及人工误差，确保管道压浆密实。

（2）自动调节压力和流量，排除管道内空气

智能压浆可通过调整浆体压力和流量，将管道内空气通过出浆口和钢绞线丝间的空隙完全排出，达到管道密实的目的，并可带出孔道内残留杂质。

（3）实时监测压力、流量、密度，并进行调整

智能压浆通过精密传感器实时监测各项参数，并反馈给主机，再由主机作出判断并自动进行调节：及时补充管道压力损失，使出浆口满足规范最低压力值，保证沿途压力损失后管道内仍满足规范要求的最低压力值；及时调节浆液流量和密度，在稳压期间持续补充浆液进入孔道，待进、出浆口压力差保持稳定后，判定管道充盈。

（4）监测压浆过程，实现远程管理

压浆过程由计算机程序控制，压浆过程受人为因素的影响较低，可准确监测浆液温度、环境温度、注浆压力、稳压时间等各个指标，并且自动

记录压浆数据，通过无线传输技术将数据实时反馈至相关部门，实现预应力管道压浆的远程管理。

（5）一键式全自动智能压浆，简单适用

系统将高速制浆机、储浆桶、进浆测控仪、返浆测控仪、压浆泵集成于一体，现场使用时只需将进浆管、返浆管与预应力管道对接，即可进行压浆施工。操作简单，方便施工。

（三）智能养生在桥梁施工中的应用

由于水化热作用，混凝土浇筑后需要适当的温度和湿度条件才能使强度不断提高。

若养护不到位，混凝土水分蒸发过快，容易造成脱水现象，内部黏结力降低，或产生较大的收缩变形。所以，混凝土浇筑后初期阶段的养护非常重要。

1. 智能养护设备

水泥混凝土智能养护系统旨在一键实现全周期自动养护。智能养护系统由智能养护仪主机、无线测温测试终端、养护终端（包括喷淋管道和养护棚）组成。主要配件包括内置吸水泵，压力、温度、湿度变送模块，电磁阀，调速变频器，可编程逻辑控制器，配电系统，等等。

一台智能养护仪可供养护6片梁，其中喷淋管道采用的是180。可调节双枝高雾喷头，喷淋效果好。

水泥混凝土智能养护系统采用先进的无线传感技术、变频控制技术，通过控制中心根据不同配合比混凝土放热速率、混凝土尺寸、周边环境温度及湿度自动进行养护施工，能排除人为因素干扰，提高养护效率与养护质量。

2. 智能养护施工

预制箱梁混凝土浇筑完成后，待混凝土终凝后采用土工布覆盖箱梁顶板，布置好养护管路以后，接通电源，连接外部水源，按下启动按钮，一键启动智能养护系统，自动完成全周期养护施工。

智能养护设备能根据梁体周边环境温度、湿度自动判别是否开启恒压喷淋，并控制喷淋持续时间，达到智能养护的目的，同时对养护全过程的技术信息进行记录与保存，绘制养护施工记录表格（喷淋时间、湿度、温度等）及相关的曲线（温度及湿度－时间曲线）。

3. 智能养护的特点

（1）全周期监测温、湿度，适时喷淋以提高养护质量

智能养护系统全过程监测梁体周边环境的温度、湿度并自动控制喷淋管路完成养护，适时引导水化热释放，防止早期温度裂缝的出现，提高混凝土强度和耐久性。

（2）根据混凝土水化热量及水化过程热量释放率进行有针对性的养护

不同配合比的混凝土，其集料、水泥品牌、水泥用量等因素的不同对梁体的整体水化热量影响很大，同时养护周期内不同时间点的水化热量释放率是不同的，智能养护系统能据此进行有针对性的养护，以切实保证水化热量平稳释放。

（3）规范养护过程

智能养护系统根据相关施工技术规范及养护方案要求对水泥混凝土进行养护，降低人为因素的干扰，保存养护周期内温度、湿度、喷淋启动时刻、喷淋持续时间、喷淋水压等全过程技术参数，便于质量管理与质量追溯。

（4）一键完成养护，提高养护效率

智能养护系统可一键操作，进行全周期自动养护，操作方便，节省人力，极大地提高了养护效率。

（四）智能检测机械设备在桥梁施工中的应用

为了加强桥梁施工阶段的质量管理与控制，各种桥梁检测设备和技术不断被研发和应用，桥梁无损、智能检测成为检测设备发展的方向。本小

节主要介绍混凝土钢筋保护

结构尺寸检测、锚下预应力检测、交工验收检测等方面采用的检测设备和技术。

1. 钢筋保护层检测仪

钢筋保护层检测仪用于对钢筋混凝土结构钢筋施工质量的检测，是一种无损检测仪，可根据已知钢筋直径检测钢筋保护层厚度和钢筋的位置。

钢筋保护层检测仪由保护层测定探头、钢筋保护层检测仪主机和信号电缆三部分组电源为可充电锂电池。钢筋保护层检测仪适用于钢筋直径 φ6 至 φ50 毫米、保护层在 6 至 190 毫米的钢筋施工质量测定，具有携带方便、检测速度快、自动记录和储存数据、可导出检测报表等优点。

采用钢筋保护层检测仪进行施工自检，能够及早地检测并发现施工问题，及时调整控制方法，确定改进措施，保证混凝土结构钢筋施工质量满足设计和规范要求。

2. 手持激光红外线测距仪

手持激光红外线测距仪的测量距离一般在 200 米内，精度在 2 毫米左右。手持激光红外线测距仪除能测量距离外，还能测量物体的体积。手持激光红外线测距仪具有方便实用、数据精确、效率高的特点。

3. 智能反拉法预应力检测仪

随着人们对桥梁预应力施工质量的日益重视，如何确定张拉后的有效预应力成为人们关注的问题。智能反拉法预应力检测仪能够对桥梁锚下有效预应力进行检测，检测设备由智能张拉控制系统、张拉主机、穿心千斤顶、锚具夹片等组成。

智能反拉法预应力检测仪的原理是：根据弹模效应与最小应力跟踪原理，当千斤顶带动钢绞线与夹片延轴线移动 0.5 毫米时，即可测出有效预应力值。智能反拉系统通过位移传感器和应力传感器将数据传输至电脑软件系统，及时进行数据分析，并通过软件显示的相关信息监控曲线的斜率变化，当曲线出现拐点、斜率明显变化时，计算出的即为有效预应力值。由于反拉时夹片在随钢绞线轴线移动 0.5 毫米时仍牢牢咬住钢绞线，回油后，钢绞线会恢复原状，锚下有效预应力不会变化，因此可达到无损检测的效果。

在用智能反拉法进行锚下预应力检测时，由于是逐根钢绞线进行检测的，因此根据检测结果可以计算和判断单根、整束、同断面的锚下有效预应力值偏差是否满足控制要求，同断面、同束不均匀度是否满足控制要求。并且检测结果可作为对预应力钢绞线梳束、编束、穿束、调束工艺控制和张拉工艺控制的评价依据。

4. 桁架式桥梁检测车

桁架式桥梁检测车由汽车底盘和工作臂组成。液压系统将工作臂弯曲深入到桥梁底部，在桥梁底部形成独立工作平台，使检测人员能安全、快速、高效地从桥面到达桥下或从桥下返回桥面。桁架式桥梁检测车可以随时移动位置，方便进行流动检测或对缺陷进行维修处理。桁架式桥梁检测车具有操作简单、稳定性好、承载能力大、工作机动灵活、作业效率高且不用中断交通的特点，是进行桥梁流动作业和流动检测的良好辅助设备。

四、桥梁机械化与智能化施工管理与控制

桥梁机械化、智能化施工的基本目的是引进新型机械设备，优质、高效、安全、低耗地完成工程施工内容，提升施工管理成效。新型自动化、智能化机械设备的使用，需要一套完善的管理体系、规章制度和管理办法与之适应。

(一) 建立施工管理组织机构

建立机械化、智能化施工管理组织机构，对桥梁施工拟采用的机械设备进行选型、配套设计和施工组织管理，建立岗位责任制，加强人员培训

与学习，加强机械设备维修与保养，管理好新型的机械设备，提高桥梁施工管理成效。

（二）桥梁施工机械设备选型与配套设计

要实现机械化施工控制，首先，要确定机械的选型，即根据施工内容、工程量大小、工期要求，合理选择施工机械。施工机械要具有适应性、先进性、经济性、安全性、通用性和专用性的特点。其次，确定机械的合理组合，即技术性能组合和类型数量组合。

1.选型及配套设计的准备工作

摒弃守旧的观念，提高思想认识和管理理念，适应新时代社会、市场、施工生产发展的要求，不断学习和更新理论知识，学习先进施工生产管理经验。了解工程类型、工程量大小、工期要求、地质条件等因素。熟悉桥梁施工的各种机械设备类型、技术性能、使用功能、使用条件、机械台班费用、采购或租赁成本等，为合理选择机械设备做好准备。

2.选型和配套设计的原则

桥梁施工机械设备的选型要充分考虑各种因素，一般要考虑经济指标、技术性能、社会关系、人机关系以及配套性。通过对机械设备进行综合比较，最终确定最佳的选型方案。本项目根据项目特点、工程施工条件、地质条件、结构形式等客观条件，选择型号和性能满足要求、操作简单、维修方便的机械设备，并有机组合，最大限度发挥机械的作用，提高桥梁施工管理成效。

在工程主导机械按照上面的原则进行选型和配置的同时，配套机械的好坏也很关键，直接影响施工的正常进行。所以，配套机械的技术规格也应满足工程的技术标准要求，必须具有良好的工作性能和足够的可靠性。应尽量采用同厂家或同品牌的配套机械，以保证最佳匹配度，并便于维修保养。对于配套的所有机械，必须定时、定期检修，不能因为一台机器的故障而使整个施工生产停滞。

3.机械设备购买与租赁

对于使用广泛、操作简单、经济寿命长、重复利用价值高、安全容易保障、经济性好、回收成本快、对工程质量起着主导作用的机械设备，应当购买。对于一个企业来说，自有设备的数量和规模也是企业实力的体现，在投标评估时占有一定优势。

对使用周期短、价格昂贵、专业性强、无再利用价值、经济性差的机械设备，可利用社会资源，采取租赁方式。在租赁机械设备时，首先，要对设备的完好性、工作性能进行检查测试；其次，要结合市场调查研究情况，选取价格合理、性能良好的机械设备。

特种设备租赁时，要选择经过地方技术部门鉴定，操作人员持有合法、有效的操作证件，并且证件在项目使用周期内处于鉴定有效期内的设备。

4.机械化施工组织设计

施工方案的完成必须以配套的机械设备为基础，机械设备在型号、功率、容积、长度等方面要达到施工方案的要求，否则就会影响工程进度和工程质量，甚至损耗机械设备。目前，工程项目在招投标阶段就对施工单位应配备的主要机械设备提出了相应的要求，作为合同履约的一个方面。施工企业在工程开工前要完成实施性施工组织设计，其中就包括机械化施工组织设计。

机械化施工组织设计要根据施工内容及总体工期要求，制订机械设备配套计划，做好各时间段、各施工规划期所需机械设备的类型及数量统计；根据施工计划制订机械设备进、退场和调配计划；制订机械设备的维修保养计划、操作规程及施工保证措施；等等。具体的机械化施工组织要在施工过程中不断地调整和完善，以适应现场实际需要。

（三）桥梁机械化、智能化施工中"四大员"的管理

机械设备，是项目管理三要素"人、材、机"之一，机械设备的管理又离不开人的管理和材料的管理，其中人的管理又是最为复杂和最为重要

的。本小节针对桥梁机械化施工管理中人的管理进行分析和总结。

在施工生产中与机械设备密切相关的人员和岗位有设备管理员、调度员、操作员和维修员。这"四大员"影响着桥梁施工设备从购买或租赁、调配、使用，到维修保养的全过程。

机械设备能否适应现场需要、是否与施工生产相配套、是否能发挥最大功效，与"四大员"有着密切的关系。管理机械设备主要就是对"四大员"进行管理。

1. 设备管理员

项目的设备管理员在项目设备的采购、租赁及日常管理中起着至关重要的作用。设备管理员必须了解市场和机械设备功能以及发展趋势，建立可供选择的设备供应网络和渠道；根据总体机械设备施工组织计划、市场情况、工程量大小、使用周期制订设备购买或租赁计划；按照机械设备管理办法完成机械设备的申报、审批流程，组织机械设备招标；负责组织、指导新进设备的接运、安装、调试和验收；指导、监督、检查机械设备使用和维修保养情况，建立机械设备管理台账；随时掌握设备使用情况，及时进行补充、退场、维修保养等。

设备管理员必须选择品德良好、工作责任心强、对设备熟悉和了解、市场能力强的工作人员。设备管理员接受物资设备保障部直管、生产副经理考核、全员监督。

2. 操作员

操作员要熟知设备性能和安全操作规程，操作好、管理好、养修好机械设备，具备正确使用、良好养修、定期检查机械，以及及时排除故障的能力。操作员有权制止他人私自动用自己操作的设备；对未采取防范措施、未经主管部门审批、超负荷使用的设备，有权停止使用；对运转不正常、超期不检修、安全装置不符合规定的设备，有权停止使用。

操作员必须经过培训，达到合格标准方可上岗。施工企业要对其建立管理档案，记录其是否遵守机械设备操作规程、操作技能是否满足工作要求；建立等级评定和奖惩机制，对技术过硬、工作责任心强的操作员进行奖励，充分激发操作员的积极性和责任心，让操作员能坚守工作岗位，兢兢业业工作。

3. 调度员

调度员在桥梁施工生产中主要负责协调安排机械使用地点、部位、顺序，对机械设备的使用进行掌控。调度员必须熟悉各种机械设备的类型、数量及配套组合，掌握设备的性能、用途、生产率等，这样才能对机械设备进行有效管理，发挥机械施工的最大作用，使机械设备更好地为施工生产服务。

调度员除了配合生产副经理对现场机械设备进行调度安排外，还要做好机械设备使用台账登记，掌握机械使用率、完好率、维修保养周期等，提供机械设备使用和评定的依据。

调度员是桥梁机械化施工正常有序作业的关键岗位，必须选用能吃苦、熟悉现场施工生产、工作经验丰富、责任心强的工作人员。调度员按照部门领导的薪酬待遇发放工资，受生产副经理直管。

4. 维修员

机械设备维修员需掌握各种设备构造，能在平常巡查中发现设备问题，能排除故障，及时对设备管理员或操作员告知的设备问题进行检查、维修。对机械设备定期进行保养，定时进行巡查，对无法排除和解决的故障及时进行报告，不耽误、不拖延。

维修员必须是有维修技术的专业人员，受物资设备部设备管理员直管。调度员、操作员参与对维修员的考核，根据考核制度对维修员的专业素养以及工作业绩作出评定。

（四）重视和加强机械设备的维修与保养

机械在使用过程中不可避免地会存在磨损、故障等，要想提高机械运转效率，就必须经常维修和保养。通过维修保养，可使机械维持良好的状态，提高机械使用的经济效益，降低施工成本，保障安全，延长机械使用寿命。为确保桥梁施工机械化顺利开展，机械设备的维修保养分为机械故障预防、日常简易维修保养和定期进行检修。

1. 机械故障预防

要做好机械设备故障预防，正确地分析各种故障原因，采取有效的、针对性强的防范措施，尽量减慢机械零部件的损伤速度，有效防止机械故障。

机械作业产生大量的热，所以在夏天应考虑机械的散热和降温，如补加机油、常换冷却水、间隔施工、机械交替作业等，这些都会影响施工组织计划，必须在开工前对机械可能遇到的发热、危险情况做充分的准备。冬季气温降低，必须做好防冻措施，比如冬季加防冻液、夜间放掉冷却水、将油箱包裹起来，同时也要做好施工运转时的保温措施，如支撑遮风棚、热水加温等。

混凝土搅拌设备要经常检查维护，避免在混凝土浇筑过程中出现故障，中断现场施工，造成严重后果。搅拌站需配备功率足够的发电机，以备停电或用电线路故障时使用。

2. 日常简易维修保养

设备维修员要严格开展日常巡查、检查工作，对遇到的问题要及时进行处理，并做好日常维修保养记录。机械设备日常简易维修保养主要是在工程现场的保养与维修，除了对作业中可预料的故障进行处理外，还包括定期检查认为必须进行部分分解、修配或部件更换，可用简易设备来实施的保养与维修。

机械设备日常维修保养要准备和及时提供必需的零部件，根据工程施工计划和作业时间安排，进行零部件更换，再将更换下来的零部件送至工厂进行专业维修，这样可以缩短维修时间，不影响工地现场正常施工。

混凝土搅拌设备拌完料后，要及时清洗干净；混凝土运输车等待时间决不能超过混凝土初凝时间，否则会造成堵罐；三短轴振动整平机在使用完成后必须清理干净滚轴表面的水泥浆，避免遗留混凝土残渣造成下次使用困难，影响整平质量。

3.定期进行检修

桥梁机械化施工使机械设备作业时间增加，高强度、高效率的施工造成了机械设备的超负荷运转，导致机械设备维修保养不及时，最终影响现场施工。因此，在机械设备管理中要做好设备的维护及保养，必须严格按照各种机械设备规定的保养周期进行保养，不能因为施工周期短、工期紧就忽略甚至超期才进行设备维修保养，加剧设备的有形磨损，降低机械设备的使用寿命。

相关人员要对照工程计划先制订维修计划，再根据维修计划进行维修。对于新型专业的钢筋加工设备等，除了日常的维护外，若发现不良运转，应立即联系设备厂家技术人员及维护人员到现场进行维修。另外，在购买设备时，通常都会带有一定的必需配件，尤其是易磨损的消耗件，一定要保存好，方便更换。

（五）健全桥梁机械化施工规章制度

桥梁机械化施工，对机械设备的管理提出了更高的要求。只有健全规章制度，做到有章可依，才能进行有效的管理，充分发挥设备效能，提高设备的利用率和完好率，进而保证高质、高效、安全地进行施工生产。

1.建立机械设备台账和技术档案

按时收集设备运转日志和司机手册，及时掌握设备动态，技术状况，使用、维修和安全状况。新购设备要收集机械设备的产品合格证、购货发票、新购设备验收记录单、机动车保修单、设备外形照片、设备使用说明书及相关技术图纸资料等。

2.创建合理的设备使用条件

建立一定面积的机库、机棚、停车场、维修保养间、配件库及油料供管库站。做到设备临时停放有场地、长期停放有库棚、维修有车间。机械设备停放场地要平实，便于出入。建立值班制度，对机械设备进行看护和管理。

3.加强机械化施工的技术培训

针对新设备的操作规程组织岗前培训，并在作业区张贴、悬挂机械作业操作规程牌，使操作人员熟练掌握操作方法，了解设备工作原理。

4.建立机械化施工管理责任制

按照工程施工内容划分施工单元和作业工班，项目部管理人员实行施工单元和作业工班管理承包责任制，对作业工班施工范围的施工管理负责，根据现场需要，上报机械施工需求计划至调度室，调度室结合所有工作面分配机械设备。现场施工人员和工班长对施工质量、进度、安全分区进行管理。

5.建立灵活机动的设备调整机制

根据不同施工阶段对机械设备类型和数量的不同需要，及时调整机械设备供应。及时清退不能适应现场需要、完好率差、生产率低、油耗高的设备，若发现设备数量不能满足施工进度要求，导致施工生产缓慢或停滞，则应及时补充设备。

6.建立单机核算和工班核算制度

以往项目采取由项目部承担机械费用、材料费用，作业工班仅承担劳务费的承包模式，导致施工企业利润率几乎为零，甚至出现亏损。机械设备单机核算和工班核算制度能够有效解决这一问题。单机核算主要对设备的利用率、完好率和经济性进行核算；工班核算根据工班所承担的工程量进行机械费用包干，超支部分由工班自行承担。

采用单机核算和工班核算制度后，机械管理难度降低，机械设备的使用效率提高，施工成本降低。

加强机械设备核算，不仅是项目成本控制的需要，更是顺利进行施工生产和现场组织安排的需要。施工企业应组织专人对机械设备进行统计核算，及时处理闲置设备或补充新设备，确保施工生产正常、有序开展。

（六）桥梁机械化施工安全措施

桥梁施工中安全风险主要存在于高空作业、起重吊装、支架施工、机械设备使用、临时用电等环节。针对可能存在的安全风险，施工企业应建立健全安全管理体系，设安全部进行专职管理，并制定相应的预防和应急措施。

1. 起重吊装设备的安全措施

施工中采用的起重吊装设备主要有龙门吊、汽车吊、架桥机等。

参加起重吊装的作业人员包括司机、信号指挥人员等，均属特种作业人员，必须经过专业培训，持合格证上岗。

架桥机、龙门吊的安装由具有资质的专业人员按照安装方案进行，安装完成后必须检查各种限制器、限位器等安全保护装置是否完好、齐全和灵敏可靠。安装后的设备经当地质量监督部门验收合格后，方可使用。使用前要进行试吊，试吊正常后，才能正式进行吊装作业。

架梁作业时，桥头两端要设警戒人员，严格执行"安全操作规程"，指挥人员要与操作人员密切配合，执行规定的指挥信号。操作人员要按照指挥信号进行操作，若遇指挥信号错误或不清楚时，可拒绝作业。

汽车吊作业前要确保施工场地平整密实，并支垫平稳，然后方可作业。汽车吊需要人工配合采用钢丝绳悬挂重物，起吊前要确保悬挂牢固，准备起吊前要鸣笛，提醒工作人员移动至吊车作业范围以外的安全位置。汽车吊提升和下降要平稳、均匀。

起重吊装设备使用的钢丝绳必须是正规厂家制造的有质量证明文件和技术性能的钢丝绳。并要进行试验，合格后才能使用。作业前必须检查钢丝绳是否完好，不得使用扭结、变形及断丝根数超过三根的钢丝绳进行吊装作业。

2. 高空作业的安全措施

对从事高空作业的人员，要坚持开展经常性安全宣传教育和安全技术培训，使其认识高处坠落事故的规律和危害，牢固树立安全思想，具有预防、控制事故的能力，并严格执行相关安全规程。

高空作业必须搭设安全检查梯、脚手架，方便作业人员安全上下。通常采用支架搭设成"Z"字形检查梯，脚踏板要安全、牢固、防滑，方便行走。施工作业搭设的扶梯、工作台、脚手架、护身栏、安全网等，必须牢固可靠，并经验收合格后方可使用。高空作业要关注天气预报并做好预防工作，遇六级强风或大雨、雪、雾天气不得进行露天高空作业。

高空作业人员要配备安全帽、安全带和有关劳动保护用品；严禁穿高跟鞋、拖鞋或赤脚作业；悬空高处作业要穿软底防滑鞋；严禁攀爬脚手架或乘运料架和吊篮上下。在没有可靠的防护设施时，高处作业必须系安全带，安全带的质量必须达到使用安全要求，并要做到高挂低用。

桥梁上部施工前，距边缘 1.2 至 1.5 米处应设置护栏或架设护网，且不低于 1.2 米，并要稳固可靠。

另外，安排专职安全员进行安全巡查，若发现安全隐患，要及时进行排除，确保满足安全要求，防止高处坠落事故的发生。

3. 支架搭设与拆除的安全措施

支架搭设的控制重点是跨线桥现浇连续箱梁的支架搭设。为确保支架稳定性，首先要对地基进行处理，确保承载力、稳定性要满足要求。连续箱梁满堂支架采用力学性能好、拆装速度快的 WDJ 碗扣式脚手架进行搭设。根据箱梁底和地面的净空间选配立杆，上端安装可调 U 型顶托，调节细微高度。按支架搭设规范设置剪刀撑、扫地杆等。

支架搭设前，根据现场地形情况确定支架高度，根据桥型断面，绘制支架搭设施工图，并进行验算。

支架搭设前要对杆件进行检查，查看选用的 WDJ 碗扣式脚手架规格是否是 φ48×3.5 毫米，是否有合格证及质量检验报告；检查杆件表面有无砂眼、裂缝、严重生锈；检查碗口与限位销是否完整；检查接头弧面与立杆是否密贴；检查碗口是否能被限位销卡紧。不合格的杆件严禁使用。

脚手架搭设人员必须是经过考核合格的专业施工人员，上岗人员应定期体检，合格者方可持证上岗。搭设支架时，必须穿戴安全防护用品，严格按照施工图进行搭设。

支架搭设过程中，安排专人对碗扣搭设质量进行逐个检查、复核。支架搭设完成后要进行自检、监理抽检、安全专项检查，均符合要求后，进行总荷载重量120%等级的支架预压试验，试验合格后方能进行后续施工。施工过程中安排专人随时检查支架情况，观测支架地基变化情况，发现异常立即采取措施进行处理。

支架要经技术部门和安全员检查同意后方可拆除，拆除时要设置围栏和警示标志，并派专人看守，严禁非操作人员入内。支架要按自上而下、逐步下降的原则拆除：严禁将架杆、扣件、模板等向下抛掷。

4. 机械设备故障的安全措施

在施工生产中因为机械设备故障引起的安全事故也是非常多的，所以在桥梁机械化施工中要及时掌握设备状况的动态变化，及早发现故障或隐患，并进行预防和维修，防止机械设备故障的发生。

安排具有专业知识和辨识能力的设备维修员对机械设备进行检查、巡查。认真记录机械设备运转情况，建立设备运转档案，及时掌握设备情况。定期对机械设备进行维修和保养，及时对受损的零部件进行更换，严禁机械设备"带病"作业，杜绝机械设备故障发生。对机械设备的操作、维护管理等建立管理责任制、监督机制及奖惩机制，制定奖惩办法并严格执行，降低人为因素造成的故障。

5. 临时用电的安全措施

施工现场变压器必须报当地供电部门进行审批并安装。

输电线路采用三相五线制，配电箱按照"三级配电二级保护"的要求设置，总配电箱、分配电箱、开关箱安装在适当位置，并安装漏电保护器。配电箱和开关箱内设置隔离开关。

施工现场严格执行"一机一闸一漏"的规定，并采用"TN-S"供电系统，严格将工作零线（N）和保护地线（PE）分开，并定期对总接地电阻进行测试，保证在4欧姆以下。严禁用同一个开关箱直接控制两台及两台以上用电设备。整定各级漏电保护器的动作电流，使其合理配合，不越级跳闸，实现分级保护，每十天对所有的漏电保护器进行全数检查，保证动作可靠性。

施工现场用电必须由经过专业培训并取得电工证的人员专门进行管理，严禁私拉乱接。临时用电设备及线路的安装、巡检、维修或拆除都必须由电工进行。施工现场必须采用符合安全用电要求的配电箱，门锁完好，并由电工进行统一管理。架设线路必须采用专用电杆，架设高度符合安全要求，并采用绝缘线固定牢固。施工中机械设备与架空电缆线之间的安全距离要符合要求。

6.制定安全应急预案

项目部成立安全应急领导小组，由项目经理担任小组组长，项目书记、安全总监、技术负责人、现场副经理担任副组长，安全部、协调部、施工技术部、设备管理部、财务部部长担任组员，对本项目桥梁施工的危险源进行辨识，并制定预防措施及应急救援方案。各施工作业工点均成立应急救援小组，由现场负责人任组长，专职安全管理人员为副组长，小组成员包括具有丰富施工及抢险经验的负责人员及具有两项以上特种操作技能的工人。

事故发生后，应急救援小组负责事故现场的处置，根据事故发生的实际情况，分析事故原因，及时制订处理方案，采用加固、抢修或排除事故隐患等措施，有效遏制事故的蔓延，将事故的损失降到最小，同时避免事故范围的扩大和事故的再次发生。

在桥梁施工中，项目部要组织施工人员针对基坑坍塌、高空坠落、物体打击、机械伤害等多发事故进行应急演练，深刻认识安全事故的伤害、应急救援的重要性，树立预防为主的思想，减少、杜绝事故发生。

第七章　市政建筑工程施工信息化建设管理

第一节　市政建筑工程施工信息化管理的背景与意义

一、市政建筑工程施工信息化管理的背景

市政建筑工程是城市基础设施建设的重要组成部分，直接关系到城市的交通、供水、排水、照明等公共服务的质量和效率。然而，传统的市政建筑工程施工管理存在许多问题，如信息传递不畅、数据管理不规范、效率低下等，导致项目管理难度大、成本高、质量难以保证。随着信息技术的快速发展，市政建筑工程施工信息化管理应运而生，为解决传统管理存在的问题提供了新的解决方案。

二、市政建筑工程施工信息化管理的意义

（一）传统管理存在的问题

在传统的市政建筑工程施工管理中，存在许多问题，这些问题导致了工程管理的困难和效率低下。

1. 信息传递不畅

传统管理中，信息的传递通常依赖于人工沟通和纸质文件，这容易导致信息传递的延迟、失误和不准确。施工人员需要花费大量时间和精力在信息的收集、整理和传递上，增加了工作负担和沟通成本。

2. 数据管理不规范

传统管理中，施工过程中产生的大量数据通常以纸质形式保存，管理不规范。这导致了数据的丢失、损坏和难以追溯。同时，数据的整理和分析也需要耗费大量的时间和人力，影响了决策的准确性和及时性。

3. 效率低下

传统管理往往需要大量的人力资源和时间成本来完成各项工作，效率较低。例如，施工人员需要频繁地前往现场检查和记录工作进展，耗费了大量的时间和精力。同时，纸质文件的传递和整理也需要较长的时间，影响了工作的进度和效率。

4. 质量难以保证

传统管理中，质量控制往往依赖于人工的抽样检测和经验判断，存在主观性和不确定性。同时，由于信息传递不畅和数据管理不规范，很难及时发现和解决质量问题，导致质量难以保证。

5. 协同配合困难

市政建筑工程涉及多个施工单位和相关部门的合作，协同配合是确保项目顺利进行的重要因素。然而，在传统管理中，由于信息传递不畅和数据管理不规范，各方之间的沟通和协作存在困难，导致施工进度受阻、决策缓慢等问题。

（二）信息化管理的兴起和意义

市政建筑工程施工信息化管理是针对传统管理存在的问题提出的一种解决方案，通过引入信息技术来改进管理模式和提升管理水平。

1. 信息集成与共享

信息化管理系统通过建立统一的数据平台和信息交流渠道，实现了信息的集成和共享。施工人员可以通过电子设备进行信息记录和传递，实现了信息的实时更新和准确传递。各方之间可以实现快速的信息交流和共享，提高了沟通和协作的效率。

2. 数据化管理与分析

信息化管理系统将施工过程中产生的数据进行数字化管理，实现了数据的规范化和可追溯性。通过数据分析和挖掘，可以提供决策支持和预测预警，帮助管理人员及时发现问题和调整工作计划。同时，数据化管理也方便了施工过程的监督和质量控制，减少了人为因素的干预。

3. 自动化与智能化应用

信息化管理系统利用先进的技术手段，如传感器、无线通信、人工智能等，实现了施工过程的自动化和智能化。例如，通过智能传感器实时监测施工现场的温度、湿度、振动等参数，提供准确的数据支持。智能化应用还可以对施工过程进行智能调度和优化，提高资源的利用效率和工程的施工质量。

4. 实时监控与远程管理

信息化管理系统可以通过远程监控和管理实现对施工过程的实时监控和远程操作。通过摄像头、无人机等设备，可以实时监测施工现场的情况，及时发现问题并进行处理。远程管理也方便了管理人员对多个施工现场的统一管理和指导，提高了管理的效率和准确性。

5. 协同平台与协作工具

信息化管理系统提供了协同平台和协作工具，方便各方之间的协同配合和信息共享。通过在线会议、文件共享、任务分配等功能，可以实现实时的沟通和协作，减少了沟通的时间和成本。协同平台还可以记录和追溯各方的工作进展和责任，加强了责任追溯和协同配合。

6. 数据安全与隐私保护

信息化管理系统注重数据的安全性和隐私保护。采取严格的数据加密和权限管理措施，确保数据的机密性和完整性。同时，也遵循相关的法律法规和隐私政策，保护用户的个人隐私和权益。

通过信息集成与共享、数据化管理与分析、自动化与智能化应用、实时监控与远程管理、协同平台与协作工具以及数据安全与隐私保护等手段，信息化管理提供了许多优势和意义。

第二节　市政建筑工程施工信息化管理的内容与流程

市政建筑工程施工信息化管理是基于信息技术的现代化管理模式，旨在通过信息化手段对施工项目进行全面、精确、高效的管理。

一、项目计划与进度管理

项目计划与进度管理是市政建筑工程施工信息化管理的基础。通过信息化系统，项目管理人员可以编制详细的项目计划，包括工程任务划分、工期安排、资源需求等。系统可以对计划进行实时监控和调整，提供工期延误预警，确保项目按时完成。此外，项目进度可以通过系统进行跟踪和记录，以便及时发现和解决进度偏差。

（一）计划编制

计划编制是指根据项目的目标和要求，将项目的工作任务细化为具体的工作内容和时间安排，以便项目团队能够有序地进行工作并按时完成。信息化管理系统在计划编制方面提供了许多有益的功能和特性。

首先，信息化管理系统为项目计划的编制提供了便捷的工具和模板。

系统内置了各种常见的市政建筑工程项目类型的计划模板，项目管理人员可以根据实际情况选择合适的模板进行调整和修改。这些模板通常包含了任务划分、工期安排、资源需求等常见的项目计划要素，为管理人员提供了一个基础框架，减少了计划编制的工作量和复杂度。

其次，信息化管理系统支持多人协同操作。在项目计划的编制过程中，不同的部门和参与方需要协同合作，共同制定和确认项目计划。传统的计划编制往往需要通过纸质文档或电子表格进行来回的传递和修改，存在信息不同步、版本混乱等问题。而信息化系统通过提供协同编辑和实时更新的功能，使得多人可以同时参与计划的编制和修改，实现了信息的共享和同步，大大提高了协同工作的效率和准确性。

此外，信息化管理系统还具备自动化的计划生成功能。在进行计划编制时，系统可以根据设定的参数和约束条件自动生成任务的时间安排和资源分配。通过算法和模型的支持，系统能够自动计算任务的开始时间、结束时间，以及所需的人力、材料和设备资源，并考虑到前后任务的依赖关系和优先级。这种自动生成的功能减少了人为的主观因素和错误的干预，提高了计划的准确性和一致性。

信息化管理系统还提供了对计划的可视化和图表化展示。通过系统生成的甘特图、进度表、里程碑等图表，管理人员可以直观地了解整个项目的计划安排和进度情况。这些可视化的展示方式有助于管理人员快速把握项目的整体情况，发现潜在的问题和瓶颈，并及时调整和优化计划，以确保项目能够按时顺利进行。

通过信息化管理系统，项目管理人员可以利用便捷的工具和模板进行计划编制，将项目的工作任务细化为具体的工作内容和时间安排。系统的多人协同操作功能使不同部门和参与方能够同时参与计划的编制和修改，实现信息的共享和同步。自动化的计划生成功能通过算法和模型自动生成任务的时间安排和资源分配，减少人为主观因素和错误的干预，提高计划的准确性和一致性。同时，系统提供了可视化和图表化展示功能，让管理人员可以直观地了解项目的计划安排和进度情况，以便及时调整和优化计划。

（二）进度跟踪和监控

进度跟踪和监控通过信息化管理系统实现，能够及时收集、分析和反馈项目的实际进展情况，帮助管理人员了解项目的当前状态和进度偏差情况，并采取相应的措施进行调整和优化。

数据收集与更新：进度跟踪和监控的第一步是数据收集。信息化管理系统可以与现场的传感器、监控设备、施工人员等进行数据交互，收集有关施工进度的实时数据，例如工作完成情况、资源使用情况、工时记录等。这些数据会在系统中进行更新和记录，形成完整的项目进度数据集。

进度图表和报表生成：基于收集到的实时数据，信息化管理系统能够自动生成项目进度图表和报表。这些图表和报表可以以甘特图、进度曲线、项目进度表等形式展示项目的整体进度和各个阶段的完成情况。管理人员可以通过这些图表和报表直观地了解项目的进展情况，识别进度偏差和潜在的问题。

进度分析与比对：管理人员可以通过信息化管理系统进行进度的分析与比对。系统可以将项目的计划进度与实际进度进行对比，计算偏差并进行可视化展示。通过对比分析，管理人员可以了解项目是否按计划进行，发现进度偏差的原因和影响因素，从而采取相应的调整和措施。

进度预警与风险管理：信息化管理系统可以提供进度预警功能，根据设定的阈值和规则，自动识别潜在的进度风险和问题。例如，当某个任务的进度偏离计划的时间范围时，系统可以发出警示信息，提醒管理人员及时采取措施。这种实时的预警功能可以帮助管理人员快速发现并应对进度风险，确保项目能够按时完成。

协同与沟通：进度跟踪和监控过程需要各个部门和参与方之间的协同

与沟通。信息化管理系统提供了协同工作平台和沟通工具，使得不同部门和参与方能够共享项目进度数据和信息，并进行实时的协作和讨论。这样可以加强团队合作，加快问题的解决和决策，确保项目的进度跟踪和监控工作能够顺利进行。

（三）预警和调整

信息化系统还具备预警和调整功能，帮助管理人员对项目进度进行实时监测，并及时预警和调整。系统可以设置进度预警标准，当项目进度出现偏差时，系统会自动发出预警提示，通知相关人员进行处理。管理人员可以根据预警信息，对项目进度进行分析和评估，并及时调整工期安排、资源调配等，以确保项目按时完成。系统还可以提供预测功能，基于历史数据和趋势分析，预测项目未来的进展情况，帮助管理人员做出更准确的决策和调整。

1. 预警功能

信息化管理系统可以根据预先设定的进度预警标准和规则，对项目进度进行实时监测和比对。系统会自动检测项目进度与计划进度的偏差，并在偏差达到或超过预警标准时发出警示信息。预警信息可以通过系统的消息通知、邮件提醒等方式传达给相关人员，以便他们能够及时采取措施应对。

预警标准的设定需要考虑项目的特点、工程的复杂性和风险因素。例如，可以设置关键任务的进度偏差阈值，一旦超过阈值就会触发预警；或者设定工期延误的百分比限制，当工期延误超过限制时触发预警。通过合理设置预警标准，可以帮助管理人员及时发现进度偏差，并采取相应的调整措施，避免进度延误和工程质量问题。

2. 预警响应与分析

一旦收到预警信息，管理人员需要对其进行及时响应和分析。他们可以利用信息化管理系统提供的工具和功能，对项目进度的偏差进行详细分析。通过对偏差的原因、影响范围以及可能引发的风险进行深入分析，可以找到解决方案和采取相应的调整措施。

系统可以提供数据可视化、报表分析和图表展示等功能，帮助管理人员全面了解项目进度的情况。通过对进度偏差的可视化展示，管理人员可以直观地看到不同工作包或阶段的进展情况，进一步分析导致偏差的具体原因，例如资源不足、技术问题、施工条件限制等。这些分析结果可以为后续的调整决策提供依据。

3. 进度调整与优化

在分析了进度偏差的原因后，管理人员需要采取相应的调整和优化措施。根据分析结果，他们可以调整工期安排、重新分配资源、加强施工管理等，以弥补偏差并重新调整项目进度。

系统可以提供模拟和优化功能，帮助管理人员评估不同调整方案的影响，并选择最优的方案进行实施。通过模拟和优化功能，管理人员可以对不同调整方案进行模拟和预测，预测其对项目进度的影响和效果。这样可以帮助管理人员做出更准确的决策，并选择最合适的调整方案。

调整项目进度需要综合考虑多个因素，如工期、资源、成本、质量等。信息化管理系统可以提供资源管理模块，帮助管理人员对资源进行有效的调配和优化，确保资源的合理利用和平衡分配。此外，系统还可以提供协同工作平台和沟通工具，促进各部门和参与方之间的协作和沟通，以实现调整决策的有效执行。

4. 进度追踪与反馈

在进行进度调整后，管理人员需要持续追踪项目的进展情况，并及时反馈调整的效果。信息化管理系统可以实时更新项目进度数据，并生成相应的报表和图表，展示项目的新进度和调整后的计划。

管理人员可以利用系统提供的进度追踪和比对功能，对调整后的项目进度进行监控和分析。系统会自动计算偏差，并将其可视化展示，使管理人员能够清晰地了解调整效果是否达到预期。如果发现进度仍存在偏差，管理人员可以再次进行分析，调整方案，并持续追踪进度，以确保项目的顺利进行。

通过信息化管理系统的预警功能，管理人员能够及时获得项目进度偏差的警示信息，并通过分析和调整来避免进度延误和风险的发生。预警和调整的流程帮助管理人员保持对项目进度的全面监控，确保项目按时完成，并为决策提供准确的数据支持。

（四）进度报告和沟通

信息化系统还可以生成详细的进度报告和图表，为管理人员提供全面的项目进展情况和分析结果。这些报告可以包括项目整体进度、各个阶段的完成情况、进度偏差分析、风险评估等内容，为管理人员提供决策支持。此外，信息化系统还可以提供沟通和协作的平台，方便管理人员与项目团队、相关部门和利益相关者进行实时沟通和信息共享。通过系统内的消息传递、讨论区和文档共享功能，各方可以及时了解项目进展、交流意见和解决问题，提高沟通效率和项目协作的质量。

1. 进度报告

信息化系统可以根据项目进度数据自动生成详细的进度报告和图表，为管理人员提供全面的项目进展情况和分析结果。这些报告可以包括项目整体进度、各个阶段的完成情况、进度偏差分析、风险评估等内容，为管理人员提供决策支持。

（1）项目整体进度报告

信息化系统可以自动计算和展示项目的整体进度。通过系统中的数据采集和处理功能，系统可以收集各个施工环节的进展情况，并将其汇总为整体进度报告。这样，管理人员可以直观地了解项目的整体进度，掌握项目的完成情况。

（2）阶段完成情况报告

在项目的不同阶段，管理人员需要了解各个阶段的完成情况。信息化系统可以根据项目计划和实际进展数据，生成阶段完成情况报告。该报告可以展示每个阶段的进度、任务完成情况、关键节点的达成情况等，帮助管理人员评估项目的阶段性成果和进展。

（3）进度偏差分析报告

进度偏差是项目管理中常见的问题，需要及时发现和解决。信息化系统可以根据项目计划和实际进展数据，自动生成进度偏差分析报告。该报告可以对比计划进度和实际进度，识别出进度偏差的原因和程度，帮助管理人员分析问题根源并采取相应的措施进行调整。

（4）风险评估报告

项目进度管理涉及风险的评估和应对。信息化系统可以通过收集和分析项目进展数据，生成风险评估报告。该报告可以识别项目进度的潜在风险和障碍，并提供相应的应对措施和建议，帮助管理人员预防和解决潜在的进度风险。

2.沟通

沟通是项目管理中至关重要的环节，特别是对于市政建筑工程这样的大型复杂项目。信息化系统提供了沟通和协作的平台，方便管理人员与项目团队、相关部门和利益相关者进行实时沟通和信息共享。

（1）实时沟通平台

信息化系统可以提供内部消息传递和实时聊天功能，使管理人员和项目团队之间能够快速、方便地进行沟通。通过系统内部的消息传递功能，管理人员可以向项目团队成员发送消息、提问问题、提供指导等。这样可以促进及时的沟通和信息交流，避免信息滞后和误解，提高工作效率和协作质量。

（2）讨论区和协作平台

信息化系统还可以提供讨论区和协作平台，供管理人员和项目团队成员进行交流和合作。在讨论区，他们可以共享观点、讨论问题、提出建议等。这种开放的交流环境有助于激发团队成员的创造力和思考能力，推动问题的解决和决策的制定。

（3）文档共享和版本控制

在市政建筑工程施工项目中，存在大量的文件和文档需要共享和管理。信息化系统可以提供文档共享功能，使管理人员和项目团队成员可以方便地共享和访问项目文档、图纸、报告等。此外，系统还可以提供版本控制功能，确保团队成员使用的是最新版本的文档，避免信息的混乱和冲突。

（4）信息共享与透明度

通过信息化系统，项目管理人员可以将项目进展情况、计划变更、问题解决等重要信息进行共享。这种信息共享可以提高团队成员的整体认知和理解，增强团队的协作意识和团队凝聚力。同时，透明度的提高也可以增加利益相关者对项目的信任度和满意度，有利于项目的顺利进行。

通过信息化系统，可以实现项目计划的编制、进度的跟踪和监控、预警和调整、进度报告和沟通等功能。这些功能的有效应用可以提高管理人员的决策能力和执行能力，优化项目进度管理的效率和质量。同时，信息化系统还可以促进项目团队成员之间的沟通和协作，提升团队的协同能力和工作效率，进一步推动市政建筑工程的顺利实施。

二、资源管理与调度

市政建筑工程涉及大量的资源，如人力、物料、设备等，信息化管理系统可以对这些资源进行全面管理与调度。系统可以实时记录资源的使用情况和剩余量，帮助管理人员合理安排资源供需关系，避免资源浪费和闲置。同时，系统提供资源调度功能，根据工期和任务要求，自动安排资源的调配，提高资源的利用率和项目的效率。

（一）资源需求规划

信息化管理系统可以帮助管理人员进行资源需求规划。系统可以根据项目计划、工程任务和施工进度，自动生成资源需求清单，并根据不同任务的要求，确定所需资源的种类、数量和时间。这样可以提前预估和安排资源供应，避免出现资源短缺或过剩的情况。同时，系统也可以考虑到资源之间的依赖关系，确保资源的协调使用。

（二）资源登记和实时监控

信息化系统可以对项目所涉及的各类资源进行登记和监控。管理人员可以通过系统录入资源的基本信息，包括人力资源的人员编制、技能水平、工作时间等，物料资源的种类、规格、库存量等，设备资源的型号、数量、使用情况等。系统可以实时监控资源的使用情况和剩余量，并提供报表和图表展示，帮助管理人员了解资源的利用情况和需求变化。

（三）资源调度和优化

信息化系统可以自动进行资源调度和优化。系统可以根据项目的工期、任务优先级和资源可用性，智能地进行资源的调配和排程。系统可以根据任务的工期和资源需求，自动生成资源调度计划，并提供最佳的调度方案。系统还可以考虑到资源的限制条件和优化目标，如最小化资源闲置、减少资源冲突等，从而提高资源的利用效率和项目的整体效率。

（四）资源协同与共享

信息化系统可以促进资源协同和共享。系统可以提供资源的共享平台，将不同部门和团队的资源信息集中管理，并提供统一的资源调度接口。这样可以避免资源的重复购置和浪费，提高资源的利用率。同时，系统还可以提供资源协同功能，使不同团队和参与方能够实时共享资源信息、协调资源使用，加强资源的协同效应。

（五）资源效果评估和优化

信息化系统可以对资源的使用效果进行评估和优化。系统可以收集和记录资源的使用情况和项目的实际成本，与计划进行比对和分析，评估资源的利用效果和成本效益。通过系统的报表和分析功能，管理人员可以了解资源的利用情况和效果，并进行优化决策。系统可以提供资源利用率、资源成本、资源效率等指标，帮助管理人员评估和优化资源的使用策略，从而提高资源的利用效率和项目的整体绩效。

通过以上的分析，可以看出市政建筑工程施工信息化管理的资源管理与调度内容与流程是一个综合的系统工程，涉及资源需求规划、资源登记与监控、资源调度与优化、资源协同与共享、资源效果评估与优化等方面。通过信息化系统的支持，管理人员可以更加科学、高效地进行资源管理和调度，提高施工效率，降低成本，保证项目的顺利进行。

三、施工质量与安全管理

施工质量与安全管理是市政建筑工程施工过程中非常重要的方面。信息化管理系统可以实现施工质量的全程监控和管理。系统可以记录施工过程中的质量检测数据、验收记录等，自动生成质量报告和分析。同时，系统可以设定质量指标和标准，对施工过程进行实时监测和预警，及时发现和纠正质量问题。此外，系统还可以记录施工安全事故的数据和处理情况，提供安全教育和培训材料，提高施工安全管理水平。

（一）施工质量管理

信息化管理系统可以实现施工质量的全程监控和管理。系统可以记录施工过程中的质量检测数据、验收记录等关键信息，并自动生成质量报告和分析。通过系统的数据采集和分析功能，管理人员可以实时了解工程质量的状况和趋势，并及时发现和纠正质量问题。

1. 质量检测数据记录

系统可以集成质量检测设备和传感器，实时记录施工过程中的质量参数，如土壤密度、混凝土强度、钢筋质量等。这些数据可以通过系统进行存储和分析，为质量管理提供依据。

2. 质量验收记录

系统可以记录施工过程中的质量验收情况，包括验收时间、验收人员、验收结果等。这些记录可以用于后期质量评估和追溯。

3. 质量报告和分析

系统可以根据质量数据自动生成质量报告和分析。报告可以包括施工阶段的质量情况、质量问题的整改措施和效果等内容。分析可以对施工质量进行趋势分析和比对分析，以评估工程的整体质量水平。

4. 质量预警和纠正

系统可以设定质量指标和标准，对施工过程进行实时监测和预警。一旦出现质量偏差或问题，系统会自动发出预警提示，通知相关人员进行纠正措施。这有助于及时发现和解决质量问题，确保工程质量符合要求。

（二）施工安全管理

施工安全是市政建筑工程中至关重要的一环。信息化管理系统可以帮助管理人员记录、监控和提高施工安全管理水平。

1. 安全事故记录和处理

系统可以记录施工过程中发生的安全事故、事故类型、事故原因等关键信息。这些记录可以用于事故分析和处理，为类似事故的防范提供经验和教训。

2. 安全培训记录

系统可以记录施工人员参与的安全培训情况，包括培训内容、培训时间和培训效果评估。这有助于管理人员评估施工人员的安全意识和能力，并针对性地进行培训和改进。

3. 安全规程和标准

系统可以存储和传达施工安全规程和标准，包括相关法律法规、施工规范、安全操作手册等。通过系统的文档管理功能，管理人员和施工人员可以随时查阅和遵守安全规程和标准，确保施工过程的安全性。

4. 安全风险评估

系统可以进行安全风险评估，识别潜在的安全风险和危险点，并提供相应的风险控制措施。管理人员可以通过系统的风险管理模块，对不同施工阶段和工序的安全风险进行评估和分析，制定相应的预防和控制策略。

5. 安全监测和预警

系统可以实时监测施工现场的安全情况，如安全设备的使用情况、作业人员的安全行为等。一旦发现安全违规行为或存在安全隐患，系统会自动发出预警提示，提醒相关人员采取相应的纠正措施。

6. 安全报告和分析

系统可以生成详细的安全报告和分析，包括安全事故统计、事故原因分析、安全管理效果评估等。这些报告和分析可以为管理人员提供决策依据，帮助改进安全管理策略和措施。

通过系统的功能和工具，管理人员能够更加高效地规划和调度项目资源、监控和调整项目进度、管理施工质量和提升施工安全水平。这有助于提高市政建筑工程的效率、质量和安全性，实现可持续发展。

四、参与方协同与沟通

市政建筑工程涉及多个参与方，包括施工单位、设计单位、监理单位等。信息化管理系统提供了参与方协同与沟通的平台。各方可以通过系统进行实时沟通、共享文件和数据，提高工作协作效率。系统可以记录沟通和协作的历史，方便追溯和归档。同时，系统还可以提供在线会议和讨论功能，方便各方进行集体决策和问题解决。

（一）实时沟通与协作

信息化管理系统提供了实时沟通工具，例如即时消息、在线聊天、电子邮件等，使参与方能够随时进行沟通与协作。通过系统内部的消息传递功能，各参与方可以快速交流意见、提出问题、解决疑惑，从而加强协同工作，提高工作效率。

（二）文件和数据共享

信息化管理系统提供了文件和数据共享功能，参与方可以将相关文件、图纸、技术资料等上传至系统，其他参与方可以随时访问和下载。这样，各方之间可以共享最新的信息和数据，避免信息滞后或遗漏，提高工作的准确性和一致性。

（三）沟通记录与归档

信息化管理系统可以记录沟通和协作的历史，包括消息记录、会议记录等。这对于参与方之间的追溯和归档非常重要。通过系统的记录功能，参与方可以随时查阅之前的沟通内容，了解过程和决策的背景，有助于保持沟通的连续性和一致性。

（四）在线会议与讨论

信息化管理系统提供在线会议和讨论功能，使得参与方能够进行远程会议和协商讨论。通过系统内部的在线会议工具，参与方可以不受地域限制，随时召开会议，讨论工程进展、解决问题、制定决策等。这种在线协同和讨论的方式，可以提高会议的效率，节约时间和成本。

（五）问题解决与决策支持

信息化管理系统为参与方提供问题解决和决策支持的功能。参与方可以在系统中记录和跟踪问题，并协同解决。系统还可以提供决策支持的工具，例如决策分析、数据可视化等，帮助参与方做出更加准确和明智的决策。

通过参与方协同与沟通的信息化管理，市政建筑工程能够实现各参与方之间的紧密合作和高效沟通。参与方之间的沟通与协作在市政建筑工程中起着至关重要的作用，可以促进信息共享、问题解决和决策制定，从而确保工程顺利进行和高质量完成。

五、数据分析与决策支持

信息化管理系统积累了大量的施工数据和信息，通过对这些数据进行分析和挖掘，可以为管理人员提供准确、全面的信息，帮助他们做出决策和制定有效的管理策略。

（一）**数据收集与整理**

信息化管理系统能够自动收集和整理施工过程中的各类数据，包括进度数据、质量数据、安全数据、资源数据等。这些数据来自不同的来源，如传感器、监测设备、人工录入等，系统将它们整合到一个统一的数据库中，方便后续的数据分析和决策支持。

（二）**数据可视化与报告**

信息化管理系统可以将分析结果以直观、可视化的方式展示给管理人员。通过图表、仪表盘、报告等形式，可以清晰地展示项目的进展情况、资源使用情况、质量指标等重要信息。这样，管理人员可以一目了然地了解项目的状态和问题，便于做出决策和制定相应的措施。

（三）**风险评估与决策支持**

数据分析可以帮助进行风险评估和决策支持。通过对施工数据的分析，可以识别潜在的风险因素，并评估其可能的影响程度。基于这些分析结果，管理人员可以制定相应的风险管理策略，减少风险的发生概率和影响范围。同时，数据分析也可以为决策提供支持，通过对不同方案的模拟和比较分析，帮助管理人员选择最佳的决策方案。

（四）**持续改进与优化**

数据分析不仅用于当前的决策支持，还可以为持续改进和优化提供依据。通过对历史数据的分析，可以发现施工过程中存在的问题和瓶颈，并提出改进措施。数据分析可以揭示出工程过程中的低效环节、资源浪费、质量问题等，帮助管理人员找到改进的方向。通过对数据分析的结果进行反馈和评估，可以实现施工工艺的优化和流程的改进，提高施工效率和质量。

基于这些信息，管理人员可以进行风险评估、决策支持、持续改进等工作，提高施工过程的效率和质量。同时，保障数据安全和隐私保护是不可忽视的重要环节。通过持续改进和创新，市政建筑工程施工信息化管理的数据分析与决策支持可以不断提升管理水平和项目成功的可能性。

第三节　市政建筑工程施工信息化管理的技术与工具

市政建筑工程施工信息化管理依赖于多种技术和工具，这些技术和工具为项目管理人员提供了全面、高效的管理支持。

一、项目管理软件

项目管理软件是市政建筑工程施工信息化管理的核心工具之一。这类软件提供了各种功能，如项目计划编制、进度跟踪、资源管理、质量控制、沟通协作等。常见的项目管理软件包括 Microsoft Project、PrimaveraP6、Project Libre 等。这些软件通过图表、表格、报表等形式展示项目信息，帮助管理人员进行计划、监控和决策。此外，一些项目管理软件还支持与其他系统的集成，如财务管理系统、人力资源管理系统等，实现信息的互通和共享。

（一）Microsoft Project

Microsoft Project 是一款功能强大的项目管理软件，广泛应用于各行各业。它提供了全面的项目计划和进度管理功能，可以创建项目计划、定义任务和里程碑、分配资源、设置任务关系、制定时间表等。对于市政建筑工程，管理人员可以使用 Microsoft Project 编制施工项目的详细计划，包括工期安排、工作分解结构、资源分配和任务关系。通过图表和报表，可以清晰地展示项目进度和关键路径，帮助管理人员及时调整和优化项目计划。

首先，Microsoft Project 提供了全面的项目计划和进度管理功能。用户可以通过该软件创建项目计划，定义项目中的任务和里程碑，以及为每个任务分配资源和设置任务关系。对于市政建筑工程项目而言，可以利用该软件制定详细的工期安排，建立工作分解结构（Work Breakdown Structure，WBS），确定任务的先后顺序和依赖关系。通过这些功能，管理人员可以清晰地了解项目的时间安排和任务执行顺序，有效地进行项目计划管理。

其次，Microsoft Project 提供了资源管理功能，可以帮助管理人员合理分配和利用项目资源。在市政建筑工程施工中，资源的合理分配对项目的顺利进行至关重要。通过 Microsoft Project，管理人员可以在软件中定义和维护资源列表，包括人员、设备、材料等。然后，可以将这些资源分配给项目中的不同任务，确保资源的合理利用和协调。此外，软件还提供资源级别的工作量和利用率跟踪功能，帮助管理人员实时监控资源的使用情况，及时做出调整。

再次，Microsoft Project 具备项目进度跟踪和分析的能力。通过软件提供的图表和报表功能，管理人员可以直观地展示项目的进度和关键路径。可以生成甘特图来显示项目的时间轴和任务执行情况，以及关键路径图来展示影响项目总工期的关键任务。此外，软件还支持项目进度的跟踪和更新，通过输入实际完成情况，与计划进度进行对比分析，及时发现偏差和延期，并采取相应的措施进行调整。

最后，Microsoft Project 还具备团队协作和沟通的功能。软件可以帮助团队成员共享项目计划和进度信息，进行实时的协同工作。团队成员可以通过软件访问项目计划、更新任务进度、记录工作量等。此外，软件还支持导出和共享项目数据，可以生成报表和图表，方便与利益相关者进行沟通和汇报。

（二）Primαvera P6

Primavera P6 是一款专业的项目管理软件，广泛用于复杂大型项目的管理。它提供了全面的项目计划、进度控制和资源管理功能。Primavera P6 具有强大的进度分析和优化能力，能够处理多个任务的交叉关系、资源冲突等复杂情况。在市政建筑工程中，Primavera P6 可以帮助管理人员进行工期计划和资源调度，进行风险评估和优化，确保项目按时完成。

首先，Primavera P6 提供了全面的项目计划功能。用户可以使用该软件创建项目计划，定义项目中的任务、里程碑和关键路径，确定任务之间的依赖关系和优先级。在市政建筑工程中，施工项目通常涉及多个工程阶段和任务，这些任务之间存在复杂的逻辑关系。Primavera P6 通过其强大的网络图和甘特图功能，能够清晰地展示任务之间的关联关系和时间安排，帮助管理人员制定详细的工期计划。

其次，Primavera P6 具备强大的进度控制和分析能力。在市政建筑工程中，项目进度的控制和调整是至关重要的。Primavera P6 通过支持多任务的交叉关系和资源冲突分析，能够帮助管理人员识别项目进度的关键路径和潜在的风险。通过灵活的调整和优化功能，管理人员可以对项目进行多种场景和资源分配的模拟，从而做出合理的决策，确保项目按时完成。

再次，Primavera P6 支持全面的资源管理。在市政建筑工程中，合理的资源调度对项目成功的实施至关重要。Primavera P6 提供了资源分配和利用的功能，用户可以根据项目需求，分配人力、设备和材料等资源，并进行资源级别的调度和优化。通过该软件，管理人员可以实时了解资源的利用情况，避免资源冲突和瓶颈，提高资源的利用率和效率。

最后，Primavera P6 还具备丰富的报表和图表功能，可以帮助管理人员进行项目监控和沟通。用户可以生成各类报表，如项目进度报告、资源利用报告等，以及图表，如进度曲线和资源直方图等，用于可视化展示项目的进展和资源情况。这些报表和图表可以供管理人员与项目团队、利益相关者进行沟通和共享，促进信息的传递和决策的制定。

尽管 PrimaveraP6 在市政建筑工程施工信息化管理中具有许多优势，但也面临一些挑战。首先，PrimaveraP6 属于专业级项目管理软件，对用户的学习和培训要求较高。由于其功能复杂，用户需要花费一定时间和精力来学习和熟悉软件的操作和功能。此外，PrimaveraP6 的配置和部署也需要一定的技术支持，包括服务器的搭建、数据库的管理和网络的配置等，这对于一些小型组织或缺乏相关技术人员的团队可能会带来一定的困难。

总体而言，PrimaveraP6 作为一款专业的项目管理软件，在市政建筑工程施工信息化管理中具有重要的作用。它的全面的项目计划、进度控制和资源管理功能，以及强大的分析和优化能力，可以帮助管理人员有效地规划和执行项目。然而，使用 PrimaveraP6 也需要克服一些挑战，包括学习曲线、数据集成和共享，以及变更管理和风险评估等方面的考虑。通过充分了解软件的特点和合理的应用，管理人员可以更好地利用 PrimaveraP6 来支持市政建筑工程的项目管理。

（三）Project Libre

Project Libre 是一款开源的项目管理软件，具有类似 Microsoft Project 的功能，但免费使用。它支持任务分解、工作分配、进度跟踪、资源管理等功能。Project Libre 适用于中小型市政建筑工程项目，提供了简单易用的界面和基本的项目管理功能。虽然功能相对较简化，但对于初学者或预算有限的项目团队来说，Project Libre 是一个不错的选择。

首先，Project Libre 作为一款开源的项目管理软件，在市政建筑工程施工信息化管理中具有一定的优势。其最大的优点之一是免费使用，这对于预算有限的项目团队来说是非常有吸引力的。相比于商业软件，Project

Libre 提供了类似的功能，但无需支付额外的费用，可以帮助中小型市政建筑工程项目实现基本的项目管理需求。

其次，Project Libre 具有简单易用的界面，对于初学者来说非常友好。该软件采用直观的图形界面，提供了直观的任务分解、工作分配和进度跟踪功能，用户可以轻松创建和管理项目计划。初学者无需花费太多时间去学习复杂的操作和功能，可以快速上手使用，提高工作效率。

最后，Project Libre 也支持基本的资源管理功能。用户可以轻松地创建资源列表，为任务分配资源，并跟踪资源的使用情况。这对于市政建筑工程项目来说是至关重要的，可以帮助管理人员有效地规划和分配资源，确保项目的顺利进行。

然而，需要注意的是，Project Libre 相对于商业软件如 Microsoft Project 或 PrimaveraP6 来说，功能相对简化。对于复杂的市政建筑工程项目或需要高级功能的项目，Project Libre 可能无法完全满足需求。例如，一些高级的进度分析、资源优化和风险管理功能可能不太完善或缺失。因此，在选择使用 Project Libre 时，项目团队需要根据项目的规模和要求进行评估，确保软件能够满足项目管理的基本需求。

此外，由于 Project Libre 是开源软件，缺乏商业软件提供的专业技术支持。用户在使用过程中可能面临一些技术问题或困惑，无法得到及时的支持和解决方案。因此，对于一些对技术支持有较高需求的项目团队来说，可能需要考虑使用商业软件或寻求其他的支持途径。

综上所述，Project Libre 作为一款开源的项目管理软件，在市政建筑工程施工信息化管理中具有一定的优势。其免费使用、简单易用的界面和基本的项目管理功能使其成为中小型项目团队的理想选择。然而，需要注意的是其功能相对简化，可能无法满足复杂项目的需求，并且缺乏专业的技术支持。项目团队在选择使用 Project Libre 时需要根据具体项目的规模、复杂程度和需求来进行评估，并权衡其优势和局限性。

二、3D 建模与可视化技术

（一）3D 建模和可视化技术的作用

市政建筑工程施工信息化管理中的 3D 建模和可视化技术能够将设计图纸转化为可交互的三维模型，提供直观的视觉效果。这些技术可以帮助管理人员更好地理解项目的空间结构和工程要求，辅助制定施工计划和资源调度。同时，3D 建模和可视化技术还可以用于冲突检测和碰撞分析，提前发现设计和施工之间的冲突，减少施工变更和风险。

1.3D 建模技术

3D 建模技术将设计图纸转化为真实感的三维模型，使管理人员能够更好地理解项目的空间结构和工程要求。通过 3D 建模，管理人员可以直观地观察建筑物、道路、桥梁等市政工程的形状、尺寸、位置和相互关系。这有助于提高管理人员对项目的整体把握能力，准确把握施工的难点和关键工序。

2.可视化技术

可视化技术将 3D 建模与图形渲染技术相结合，以逼真的图像和动画呈现项目的外观和内部结构。通过可视化技术，管理人员可以获得项目的立体感，观察建筑物的外观、细节和材料质感。此外，可视化技术还可以模拟光线效果和环境效果，帮助管理人员评估项目在不同时间、不同天气条件下的视觉效果。

3.冲突检测与碰撞分析

市政建筑工程通常涉及多个专业和工程领域的交叉，容易出现设计与施工之间的冲突。3D 建模和可视化技术可以用于冲突检测和碰撞分析，提前发现潜在的冲突并采取措施加以解决。通过将各个专业的设计模型进行整合，并进行碰撞检测，可以减少施工过程中的问题和变更，提高施工的效率和质量。

4. 施工计划和资源调度

基于 3D 建模和可视化技术，管理人员可以制定更精确的施工计划和资源调度。通过观察建筑物的结构和特征，管理人员可以确定施工的顺序、工期和资源需求。此外，管理人员还可以使用可视化技术模拟施工过程中的动态效果，评估施工的可行性和风险。这有助于优化施工计划，提高资源利用率，并降低施工风险。

5. 利益相关者沟通和决策支持

3D 建模和可视化技术还可以用于与利益相关者的沟通和决策支持。通过可视化呈现项目的外观和效果，管理人员可以更直观地向业主、设计师、监理等利益相关者展示项目的进展和预期效果。这有助于提高沟通效果，减少误解和纠纷，促进各方的共识和合作。同时，利用可视化技术进行模拟和分析，管理人员可以提供决策支持，评估不同方案的优劣、风险和成本，帮助决策者做出明智的决策。

（二）3D 建模和可视化技术优势

在市政建筑工程施工信息化管理中，3D 建模和可视化技术具有以下优势：

1. 视觉直观

3D 建模和可视化技术可以将复杂的设计图纸转化为具有真实感的三维模型和图像，让管理人员能够直观地理解和感知项目的外观、结构和空间关系。

2. 提前发现问题

通过冲突检测和碰撞分析，3D 建模和可视化技术可以帮助管理人员在施工前发现并解决潜在的设计与施工之间的冲突，减少施工变更和延误。

3. 精确计划

基于 3D 建模和可视化技术，管理人员可以制定更精确的施工计划和资源调度，避免资源浪费和时间延误，提高项目的效率和质量。

4. 利益相关者沟通

可视化技术可以提供直观的项目展示，促进与利益相关者之间的沟通和理解，增强合作关系，共同推动项目的成功。

5. 决策支持

通过可视化的模拟和分析，管理人员可以为决策者提供更全面的信息和可视化呈现，帮助他们做出准确的决策，降低项目风险并优化资源利用。

市政建筑工程施工信息化管理中的 3D 建模和可视化技术具有重要的作用。它们能够提供直观的视觉效果，帮助管理人员理解和规划项目，提前发现问题，加强利益相关者的沟通与合作，并为决策提供支持。这些技术的应用将有助于提高市政建筑工程的效率、质量和可持续发展。

三、移动设备与移动应用程序

移动设备和移动应用程序在市政建筑工程施工信息化管理中发挥着重要作用。管理人员可以利用智能手机、平板电脑等移动设备随时随地访问项目数据、查看进度、提交报告、进行沟通等。移动应用程序可以提供离线数据同步、照片拍摄、GPS 定位等功能，方便管理人员在施工现场进行实时操作和信息记录。通过移动设备和应用程序，管理人员可以及时获取项目信息，加强现场管理，提高工作效率。

（一）实时数据访问和更新

移动设备和移动应用程序使得管理人员能够随时随地访问项目数据。他们可以通过移动设备连接到信息化管理系统，查看最新的项目计划、进度、资源分配等信息。此外，他们还可以实时更新数据，例如提交工作报告、记录施工进展、上传照片等，使得项目数据的更新更加及时和准确。

（二）施工现场管理

移动设备和移动应用程序在施工现场管理中发挥着关键作用。管理人员可以利用移动设备进行现场巡视和检查，并通过应用程序记录现场观察和问题。他们可以拍摄照片并与相关信息关联，以便后续分析和决策。此外，一些应用程序还提供了 GPS 定位功能，可以准确记录和跟踪设备和人员的位置，增强施工现场的可视化管理。

（三）沟通和协作

移动设备和移动应用程序为管理人员提供了便捷的沟通和协作平台。他们可以使用移动应用程序发送消息、共享文件和文档，并参与实时讨论。这种即时沟通和协作能够加快决策过程、解决问题，并促进团队之间的合作和协调。

（四）离线功能和数据同步

市政建筑工程施工常常面临网络连接不稳定或无网络覆盖的情况。为应对这种情况，一些移动应用程序提供了离线功能，允许管理人员在没有网络连接的情况下进行数据记录和操作。一旦网络恢复，移动应用程序可以自动将离线数据同步到信息化管理系统，确保数据的完整性和一致性。

（五）安全性和权限控制

移动应用程序通常具有安全性和权限控制机制，以确保敏感项目数据的安全和保密性。管理人员可以通过身份验证、加密技术和权限管理来保护数据的安全性，并限制访问权限，确保只有授权人员可以访问和修改特定数据。

总体而言，移动设备和移动应用程序为市政建筑工程施工信息化管理带来了便利和高效性。它们提供了实时数据访问和更新、施工现场管理、沟通和协作、离线功能和数据同步以及安全性和权限控制等功能。这些技术和工具的应用使得管理人员能够更好地监督和管理市政建筑工程施工过程，并做出准确的决策。

四、无人机技术

无人机技术在市政建筑工程施工信息化管理中的应用日益普遍。通过搭载摄像机和传感器的无人机，可以进行空中摄影、测量和监测。无人机可以快速获取大范围的项目数据，生成高精度的地形模型和影像数据。这些数据可以用于项目规划、质量控制、进度监测等方面。无人机技术可以实现快速、准确的数据采集，提高工作效率和数据质量。

（一）空中摄影和测量

无人机搭载摄像机和传感器可以进行高空拍摄和测量，获取项目区域的高分辨率影像和数据。通过无人机的飞行轨迹规划和自动操控，可以快速、高效地完成大范围的摄影和测量任务。这些数据可以用于生成地形模型、三维影像、正射影像等，为项目规划和设计提供准确的空间信息。

1.高分辨率影像获取

无人机可以以不同角度和高度对项目区域进行拍摄，获取高分辨率的航拍影像。这些影像可以展现项目区域的地貌、地物分布、建筑物结构等详细信息，为项目规划和设计提供重要依据。与传统的地面摄影相比，无人机的航拍影像能够提供更广阔的视野和更丰富的细节，有助于准确把握施工场地的实际情况。

2.地形模型生成

通过无人机进行空中摄影，可以获取大量的影像数据。结合先进的图像处理和计算技术，可以将这些影像数据进行处理和分析，生成精确的地形模型。地形模型能够展示地表的高程信息，包括地势起伏、山脉河流、道路轮廓等，为项目规划和土地利用提供重要参考。同时，地形模型还可以用于模拟水流、洪水分布等自然环境的分析，为工程建设的水资源管理和环境评估提供支持。

3.三维影像和模型生成

除了高分辨率影像和地形模型，无人机摄影还可以用于生成三维影像和模型。通过多角度、多时刻的航拍数据，结合图像处理和建模算法，可以生成真实感强、精细度高的三维模型。这些模型能够展示建筑物、道路、桥梁等市政建筑工程的空间结构和外观特征，方便管理人员进行施工规划和可视化展示。同时，三维模型还可以用于冲突检测和碰撞分析，帮助预防施工过程中的设计和施工冲突。

4.正射影像生成

正射影像是通过将航拍影像与地形模型进行配准和纠正得到的影像产品。正射影像具有高度几何一致性，能够消除航拍影像中的透视变形，呈现出与地面平行的正射视角。这种影像可以用于测量和量化分析，例如，通过正射影像可以进行地物面积测量、线段长度测量、体积计算等。在市政建筑工程施工信息化管理中，正射影像可以用于定量评估施工场地的利用率、绿化覆盖率、道路面积等指标。通过对正射影像进行分析，管理人员可以更好地了解项目区域的空间布局和利用情况，为规划和资源调度提供依据。

（二）项目规划和设计

无人机技术可以提供详细的地形和地貌数据，为市政建筑工程的项目规划和设计提供重要参考。通过无人机获取的高精度地形模型和影像数据，可以在项目规划阶段进行可视化分析和模拟，帮助决策者更好地理解项目场地的特征和约束。同时，无人机还可以进行悬空摄影和建筑物立面拍摄，为设计人员提供全面的空间信息，促进设计的精确性和创造性。

1.地形分析和约束识别

通过无人机获取的高精度地形模型可以用于项目规划的地形分析和约束识别。地形模型可以展示地势起伏、水系分布、植被覆盖等地貌信息，帮助决策者了解项目场地的自然环境特征。同时，通过基于地形模型的分析工具，可以进行斜坡稳定性评估、洪水模拟等分析，帮助规划人员确定项目区域内的地形限制和约束条件。

2. 可视化规划

无人机搭载的摄像机可以进行悬空摄影，获取建筑物、道路、桥梁等市政工程的立面影像。这些影像可以用于生成精确的建筑物模型和场地模型，为设计人员提供直观的空间信息。通过将无人机获取的影像与设计软件进行集成，设计人员可以在三维环境中进行建筑物放置、道路布局等规划工作，直观地展示设计方案的效果，提高设计准确性和创造性。

3. 空间数据采集与集成

无人机可以在项目规划和设计阶段快速获取大量的空间数据，如影像、点云等。这些数据可以与地理信息系统（GIS）进行集成，构建多层次的空间数据平台。通过对多源数据的整合和分析，可以实现场地的多维度描述和综合分析，帮助决策者进行有效的规划和设计。

4. 环境模拟和可视化效果评估

无人机获取的空中影像和模型数据可以用于进行环境模拟和可视化效果评估。通过将设计方案与无人机数据进行结合，可以生成真实感强的可视化效果，让决策者和相关利益方能够直观地了解项目的外观和环境效果。这有助于评估设计方案的合理性和可行性，以及与周边环境的协调性。

5. 冲突检测和风险评估

无人机技术还可以用于冲突检测和风险评估，帮助规划和设计人员预先发现潜在的问题和风险。通过无人机获取的影像和模型数据，可以进行冲突检测，即将设计方案与现有地理要素进行比对，识别潜在的冲突点，如道路与建筑物的重叠、管线与地形的冲突等。这有助于规划和设计人员及时发现并解决问题，减少后续施工过程中的冲突和调整。

此外，无人机技术还可以用于风险评估。通过搭载气象传感器和热成像摄像头等设备，无人机可以获取大气环境和热能分布等数据。这些数据可以用于分析项目场地的气候特征、热岛效应、风险区域等信息，为规划和设计人员提供风险评估的依据。例如，可以通过热成像技术检测建筑物的能量效率和隔热性能，评估其对能源消耗和室内舒适性的影响，从而优化设计方案。

通过无人机获取的高精度地形数据、悬空摄影影像和模型数据，可以为规划和设计人员提供详尽的空间信息和直观的可视化效果。这有助于规划人员进行地形分析、约束识别、可视化规划和环境模拟，提高规划和设计的准确性和创造性。此外，无人机技术还可以用于冲突检测和风险评估，帮助规划和设计人员预先发现潜在的问题和风险，减少后续施工过程中的冲突和调整。总的来说，无人机技术为市政建筑工程的项目规划和设计提供了强大的技术与工具支持。

（三）质量控制和进度监测

质量控制是市政建筑工程施工过程中至关重要的一环，而无人机技术为质量控制提供了全新的解决方案。通过搭载高分辨率摄像机和传感器的无人机，可以对施工现场进行快速、全面的视觉检查。无人机可以从不同角度、高度和视角拍摄施工区域，捕捉到细节丰富的影像数据。这些数据可以用于与设计模型进行对比，检测施工误差、变形、缺陷和安全隐患。通过无人机航拍获取的数据，质量控制人员可以进行精准的测量和分析，及时发现问题并采取相应的纠正措施，确保施工质量符合要求。

在施工进度监测方面，无人机技术也具有显著的优势。传统的施工进度监测通常依赖于人工观察和记录，存在信息收集不准确、耗时费力的问题。而无人机可以在短时间内对整个施工现场进行全面覆盖，捕捉到大量的图像数据。这些数据可以与项目计划进行对比，通过图像处理和分析技术，确定实际施工进度与计划进度之间的差异。无人机技术还可以通过重复航拍，记录施工过程中的变化，并生成时间序列数据，用于动态监测和评估施工进展。基于无人机获取的数据，管理人员可以及时了解施工进度的实际情况，发现延期和偏差，并采取相应的调整措施，确保项目按时完成。

此外，无人机技术还可以结合其他技术，如无线通信、地理信息系统（GIS）等，实现实时监测和数据共享。通过与移动设备和信息化系统的集成，施工现场的数据可以实时上传至云端，供项目团队和管理人员随时访问和分析。这样可以促进团队之间的协作和沟通，加快问题的解决和决策的制定。同时，基于无人机获取的数据，还可以进行数据分析和挖掘，应用机器学习和人工智能技术，提取有用的信息和模式，为质量控制和进度监测提供更深入的分析和决策支持。

通过无人机技术的应用，管理人员能够实现对施工质量和进度的实时监测，提高施工管理的效率和准确性。

第四节　市政建筑工程施工信息化管理的优势与挑战

市政建筑工程施工信息化管理的优势与挑战是一个重要的议题。信息化管理通过应用先进的技术与工具，提升了施工过程的效率、质量和安全性。然而，同时也面临着一些挑战，需要综合考虑和解决。

一、市政建筑工程施工信息化管理的优势

市政建筑工程施工信息化管理的优势可以从多个方面展开，分别是提高项目管理效率、优化资源利用、增强施工质量控制、加强安全管理以及促进协同与沟通。下面将逐一展开讨论，并按逻辑结构进行组织。

首先，市政建筑工程施工信息化管理能够提高项目管理效率。通过信息化系统，可以实现对项目进度、资源分配、材料采购、质量检查等方面

的全面监控和管理。管理人员可以通过系统获取实时的施工数据和进度情况，及时调整资源分配，协调各项工作，以确保项目按时完成。此外，信息化系统还能自动生成各类报表和图表，方便管理人员进行决策和评估项目进展，提高管理效率。

其次，信息化管理可以优化资源利用。通过信息化系统，可以精确掌握施工资源的使用情况，包括人员、材料、设备等方面。系统可以实时监控资源的分配和利用情况，避免资源浪费和闲置，提高资源的利用效率。此外，通过数据分析和预测功能，可以合理规划资源的需求和供应，避免因资源短缺或过剩导致的工期延误和成本增加。

再次，信息化管理可以增强施工质量控制。通过应用无人机、传感器和摄像头等技术，信息化系统可以实时监测施工现场的质量情况，包括土方工程、结构施工、安装工程等。系统可以自动进行数据分析和对比，检测施工误差和变形情况，及时发现质量问题，并采取相应的措施进行调整。此外，信息化系统还可以记录和追踪质量检查和整改的过程，方便日后的审计和追溯。

最后，信息化管理可以加强安全管理。通过信息化系统，可以实现对施工现场的安全监控和管理。系统可以通过视频监控、传感器等设备实时监测施工现场的安全状况，及时发现安全隐患和事故风险，并进行预警和提醒。管理人员可以通过系统对安全问题进行分析和评估，制定相应的安全措施和培训计划，提高施工现场的安全性。

此外，信息化管理还能促进协同与沟通。通过信息化系统，各参与方可以实时共享施工相关的信息，促进沟通和协作。项目团队成员可以通过系统共享文件、交流意见、协调工作，避免信息传递和协作过程中的延误和错误。系统提供的协同平台可以使团队成员之间实现即时沟通和协调，加强团队的合作性和协同性。通过共享项目进展、问题反馈和解决方案等信息，可以减少沟通成本和时间，提高工作效率。

综上所述，市政建筑工程施工信息化管理的优势在于提高项目管理效率、优化资源利用、增强施工质量控制、加强安全管理以及促进协同与沟通。通过应用先进的技术和工具，信息化管理系统能够自动化和数字化地管理施工流程，减少人工操作、提高数据准确性和处理效率。这将带来更高效的施工流程和更好的项目管理结果，为市政建筑工程的顺利进行提供有力支持。

二、市政建筑工程施工信息化管理的挑战

（一）技术更新和应用成本

市政建筑工程施工信息化管理的技术与工具不断更新迭代，需要跟上技术发展的步伐。同时，采购和应用这些新技术也需要一定的成本投入。因此，如何有效选择和引入合适的技术，并在实践中发挥其最大的效益，是一个挑战。

随着科技的不断进步，新的技术和工具不断涌现，为施工信息化管理提供了更多的选择和可能性。然而，这也意味着管理人员需要不断学习和了解最新的技术趋势，以及评估其适用性和效益。技术的更新速度往往较快，因此管理人员需要保持敏锐的观察力和学习能力，及时了解新技术的特点和优势，并决策是否将其引入到项目中。

引入新技术需要投入资金购买硬件设备、软件许可和培训等，并进行系统的部署和集成。特别是在市政建筑工程这样复杂的领域，技术应用的成本可能较高。管理人员需要进行成本效益分析，权衡技术应用的投资回报和预期效益。同时，还需要考虑技术应用的可持续性和未来发展方向，以避免过度投资或选择不适合的技术。

新技术的引入需要管理人员和工作人员具备相应的技能和知识，才能充分发挥技术的潜力。因此，组织需要投入资源进行培训和教育，提升员

工的技术水平和应用能力。同时，技术的引入也可能引发组织结构和工作流程的变革，需要管理人员进行有效的变革管理和组织文化转型，以适应新技术的应用要求。

此外，技术更新和应用成本还涉及信息安全和数据保护的问题。随着信息化管理的推进，项目数据的规模和重要性不断增加，对数据的安全性和保护提出了更高的要求。管理人员需要采取有效的信息安全措施，保护项目数据的机密性、完整性和可用性。这包括加密数据传输、权限管理、备份和恢复机制等。同时，还需要制定合规的数据使用政策和隐私保护措施，确保项目数据不被滥用或泄露。

（二）数据安全和隐私保护

随着数字化和网络化的推进，项目数据的规模和重要性不断增加，对数据的安全性和保护提出了更高的要求。

1. 数据泄露和数据破坏

市政建筑工程施工信息化管理涉及大量敏感数据，包括项目设计图纸、工程进度计划、施工材料信息等。如果这些数据泄露给未授权的人员或遭受破坏，将对工程项目和相关利益方造成严重影响。因此，建立强大的数据安全措施是至关重要的。这包括采用加密技术对数据进行保护、限制对数据的访问权限、建立完善的身份验证机制、定期进行安全审计等。

2. 隐私保护

市政建筑工程施工信息化管理涉及多方参与，包括政府部门、设计师、承包商、供应商等。这些参与方可能涉及个人敏感信息，如个人身份证号码、联系方式等。在数据采集、存储和共享过程中，必须确保个人隐私的保护。管理人员需要制定隐私保护政策，明确数据使用的目的和范围，并采取相应的技术和管理措施，如数据脱敏、匿名化处理等，以最大限度地保护个人隐私。

3. 网络安全

市政建筑工程施工信息化管理涉及网络传输和数据存储，这使得数据更容易受到网络攻击的威胁。黑客攻击、病毒感染、网络钓鱼等安全威胁都可能导致数据泄露和破坏。为了应对这些威胁，管理人员需要加强网络安全意识培训，提高员工对网络攻击的识别能力，并建立健全的网络安全管理体系。这包括定期更新和维护网络设备和系统，设置防火墙和入侵检测系统，及时修补漏洞，以及建立灾备和恢复机制等。

4. 法律法规和合规要求

市政建筑工程施工信息化管理必须遵守相关的法律法规和合规要求，以确保数据安全和隐私保护。

（1）法律法规合规要求

在市政建筑工程施工信息化管理中，涉及个人数据的收集、存储和处理，必须符合数据保护相关法律法规的要求。例如，一些国家或地区可能有数据保护法、隐私法或个人信息保护法规定了对个人数据的处理和使用方式，管理人员需要了解和遵守这些法律法规，确保数据的合法性和合规性。

（2）数据使用目的和范围限制

为保护个人隐私，管理人员需要明确数据的使用目的和范围，并严格控制数据的使用权限。个人数据仅限于在特定目的下使用，并且只能被授权人员访问和处理。管理人员需要建立数据访问权限管理机制，确保数据仅在授权范围内使用，并进行相应的审计和监控。

（3）数据安全措施

为确保数据的安全性，管理人员需要采取一系列的技术和组织措施。技术方面，可以采用数据加密技术、安全传输协议和防火墙等措施，保护数据在传输和存储过程中的安全性。组织方面，需要建立数据安全管理制度，明确责任和权限，对数据进行备份和恢复，制定数据安全策略和操作规程，并定期进行安全漏洞扫描和风险评估。

（4）隐私保护意识培训

为了加强对隐私保护的重视，管理人员需要进行隐私保护意识培训，提高员工对个人隐私保护的认知和理解。培训内容可以包括隐私保护的重要性、相关法律法规的要求、个人数据的合法使用和共享原则等。通过培训，员工能够更加积极地采取措施保护个人数据，并及时报告和处理任何数据安全问题。

（5）第三方合作伙伴管理

在市政建筑工程施工信息化管理中，可能涉及多个合作伙伴，如设计师、承包商、供应商等。管理人员需要与合作伙伴签署保密协议，并明确数据安全和隐私保护的责任分工。对于涉及个人数据的合作伙伴，还需要进行尽职调查和评估，确保他们具备相应的数据安全和隐私保护措施。同时，定期进行合作伙伴的安全风险评估和监督，确保他们在数据处理和使用过程中遵守相关的法律法规和合规要求。

通过制定严格的数据安全政策和措施、遵守法律法规和合规要求、加强网络安全意识培训、与合作伙伴进行合规评估和管理、建立安全事件应急响应机制、定期审计和监测等措施，可以有效应对这一挑战，并确保项目数据的安全性和隐私保护。

（三）技术应用与管理的融合

信息化管理涉及多个技术和工具的应用，如 BIM、无人机、物联网等。在实际应用中，需要将这些技术与管理流程紧密结合，确保技术的应用能够真正服务于管理目标。此外，还需要培养专业的信息化管理人才，掌握相关技术和管理知识，能够有效地运用技术工具解决实际问题。

1.技术应用与管理流程的整合

市政建筑工程施工信息化管理需要将各种技术应用与管理流程有机地结合起来。这要求管理人员深入理解技术工具的功能和应用场景，并根据项目需求进行有效的整合和配置。例如，BIM 技术可以在项目规划和设计阶段提供详细的空间信息，但如何将 BIM 模型与施工管理流程相结合，确保施工过程的准确性和高效性，是一个具有挑战性的任务。

2. 培养专业信息化管理人才

有效地应用技术工具需要具备相关知识和技能的人才。市政建筑工程施工信息化管理需要培养专业的信息化管理人才，他们既具备技术背景，又具备项目管理和施工经验。这些人才需要了解各种技术工具的原理和应用方法，并能够根据具体项目的需求进行选择和配置。此外，他们还应具备良好的沟通和协调能力，能够与项目团队和技术人员紧密合作，实现技术应用与管理流程的有效融合。

3. 需求分析与技术选型

市政建筑工程施工信息化管理中存在各种不同的需求和挑战，而技术工具的选择和应用应该基于具体的需求分析。管理人员需要深入了解项目的特点和目标，明确所需的功能和效益，然后选择适合的技术工具进行应用。例如，对于大型复杂的市政工程项目，可能需要采用 BIM 技术进行协同设计和施工管理；而对于较小规模的项目，可以利用移动设备和应用程序进行实时信息记录和沟通。因此，技术选型应该与项目需求相匹配，避免过度或不足的技术应用。

4. 变革管理与组织文化转变

技术应用和管理的融合往往需要对组织进行变革和文化转变。引入新的技术工具和管理方法可能会对组织结构、流程和人员角色产生影响，需要进行有效的变革管理。管理人员需要与组织成员进行沟通和培训，解释技术应用的意义和优势，以及相关管理方法的变化。同时，管理人员还需要推动组织文化的转变，使其适应新的技术应用和管理方式。这包括促进团队成员的学习和接受新技术，培养积极的信息化管理态度，鼓励创新和合作。此外，还需要建立有效的变革管理机制，监测和评估技术应用和管理改变的效果，并根据反馈进行调整和改进。

合理应用和管理技术工具可以提高效率、质量和安全性，推动工程项目的顺利进行。然而，技术的更新和应用成本、数据安全和隐私保护、技术应用与管理的融合、变革管理和组织文化转变、成本与投资回报，以及供应链协同和数据共享等方面都是需要克服的挑战。管理人员需要全面考虑这些因素，制定有效的策略和措施，以实现信息化管理的最佳效果。

（四）变革管理和组织文化

信息化管理需要对传统的施工管理模式进行调整和变革。这涉及组织结构的调整、流程的优化以及人员的培训与适应。然而，组织文化和员工的接受程度是一个挑战。管理者需要引导员工逐步接受和适应信息化管理的理念和方法，加强沟通和培训，激发员工的积极性和创造性，推动信息化管理的有效实施。

1.组织结构调整

引入信息化管理需要对组织结构进行调整，以适应新的技术和工具的应用。传统的施工管理可能是基于功能部门划分的，而信息化管理更加强调跨部门协作和信息共享。因此，管理者需要重新审视组织结构，建立更加扁平化和灵活的管理体系，促进各部门之间的协作和沟通，实现信息的无缝流动。

2.流程优化

信息化管理的目标之一是优化施工流程，提高工作效率和质量。然而，这涉及对传统工作流程的重新设计和调整。管理者需要对现有的流程进行全面分析，识别痛点和瓶颈，并引入信息化技术来简化和自动化工作流程。同时，还需要与项目参与方进行有效的沟通和合作，确保流程的顺利实施和各方的配合。

3.人员培训与适应

信息化管理的成功离不开员工的理解和支持。然而，由于技术和工具的更新和应用，员工需要不断学习和适应新的方式和方法。管理者需要提供必要的培训和教育资源，使员工掌握相关的技能和知识，增强其信息化管理的能力。同时，管理者还需要通过沟通和激励措施，鼓励员工积极参与和贡献，推动信息化管理的落地和实施。

4.组织文化转变

信息化管理对组织文化的要求可能与传统的施工管理存在差异。例如，信息化管理强调数据驱动决策、协作和创新，需要打破部门之间的壁垒和传统的权威体系。因此，管理者需要积极引导组织文化的转变，倡导开放、合作和学习的文化氛围。这可能涉及沟通、培训和激励等方面的工作，以促进员工对信息化管理理念的接受和认同。

变革管理是一个复杂而持续的过程，需要管理者具备良好的沟通、领导和变革管理能力。他们需要制定明确的变革策略和计划，与员工共同参与，建立反馈机制，不断优化和调整变革过程。此外，管理者还需要根据组织的特点和文化特点，采取适合的变革方式和方法，确保变革的顺利进行。

（五）需求分析与系统集成

在信息化管理的实施过程中，需求分析和系统集成是关键的环节。需要充分了解业务需求，梳理工作流程，明确系统功能和数据需求。同时，需要进行系统集成，确保不同技术和工具之间的协同运行和数据的无缝交互。这需要技术团队和业务团队之间的紧密合作与沟通，确保系统能够满足用户的实际需求，并实现系统的稳定和可持续发展。

1.业务需求的明确性

市政建筑工程施工信息化管理涉及多个参与方，每个参与方可能有不同的业务需求。管理者需要与业务团队紧密合作，深入了解不同参与方的业务流程和需求，确保需求的准确性和明确性。这需要通过会议、访谈和需求调研等方式进行需求收集，细化和澄清业务需求，为后续的系统设计和开发提供明确的依据。

2. 工作流程的梳理与优化

在需求分析过程中，需要对市政建筑工程施工的工作流程进行梳理和优化。这包括识别痛点和瓶颈，理清工作流程的各个环节和关键路径，明确系统在工作流程中的作用和功能需求。通过对工作流程的梳理和优化，可以更好地发现和解决问题，提高施工效率和质量。

3. 系统功能的明确性

基于需求分析的结果，需要明确系统的功能需求，并进行功能的优先级排序。这需要与技术团队紧密合作，确保系统能够提供满足业务需求的功能。同时，还需要充分考虑系统的可扩展性和灵活性，以应对未来业务发展和变化的需求。

4. 数据需求的定义与管理

市政建筑工程施工信息化管理涉及大量的数据，包括项目计划、工程量清单、施工进度、材料管理等。在需求分析过程中，需要明确数据的来源、格式、处理方式和管理要求。这要求管理者与数据团队密切合作，确保数据的准确性、完整性和一致性，以支持后续的数据分析和决策。

5. 系统集成的挑战

市政建筑工程施工信息化管理涉及多个技术和工具的应用，如 BIM、无人机、物联网等。在系统集成过程中，需要确保这些技术和工具能够协同运行，实现数据的无缝交互和共享。这需要技术团队具备良好的系统集成能力，熟悉各种技术标准、确保数据的一致性和完整性。此外，还需要制定数据管理策略和标准，确保数据的安全性和可访问性。

管理者需要重视这一过程，与业务团队和技术团队紧密合作，确保系统能够准确地满足用户的需求，并实现系统的稳定和可持续发展。通过合理的需求分析和系统集成，可以提高施工效率、降低成本，并为项目的成功实施奠定坚实的基础。

市政建筑工程施工信息化管理具有诸多优势，如提高效率、提升质量、强化安全和加强协作与沟通。然而，同时也面临着一些挑战，包括技术更新和应用成本、数据安全和隐私保护、技术应用与管理的融合、变革管理和组织文化的转变，以及需求分析与系统集成等方面的挑战。

参 考 文 献

[1] 李亮. 精细化管理模式在市政工程建设中的应用 [J]. 四川建材，2023，49（08）：205-207.

[2] 孙丽丽. 市政工程技术档案信息资源平台建设研究与应用 [J]. 陕西档案，2023，（02）：29-31.

[3] 鲜志媛. 论市政工程管理中环保型施工的应用 [J]. 居业，2021，（10）：123-124.

[4] 刘俊琼. 加强市政工程建设管理的措施探讨 [J]. 居舍，2021，（23）：141-142+144.

[5] 宁红卫. 市政工程档案在城市建设中的重要性及其应用 [J]. 城建档案，2021，（07）：42-43.

[6] 路恒泰. 市政工程建设中顶管工程技术的应用要点及质量控制方法 [J]. 居舍，2021，（07）：80-81+116.

[7] 向卫国. 新城区集群市政工程 BIM 技术应用研究 [D]. 中国铁道科学研究院，2020.

[8] 顾芸. 市政道路工程项目动态过程管理的实践应用 [J]. 地产，2019，（22）：77+139.

[9] 董孟能，何平，谢自强，等. 房屋建筑和市政工程勘察设计质量通

病防治措施技术手册 [M]. 重庆大学出版社：2019.

[10] 章佳栋 . 江晖路新建工程项目进度管理研究 [D]. 东北大学，2019.

[11] 于鹏，李刚，张恒 . 城乡规划数据统计分析系统的建设与应用 [J]. 规划师，2018，34（12）：84-89.

[12] 贾学涵，陈静 . 基于 BIM 技术在市政工程造价管理中的应用分析 [J]. 居舍，2018，（31）：47.

[13] 董祥图，丁春梅，陈琳，等 . 桥梁暨市政工程施工常用计算实例 [M]. 西南交通大学出版社：2018.

[14] 郭自嘉 . 市政道路施工建设中的质量控制研究 [D]. 南华大学，2018.

[15] 郑博文 . 城乡规划信息管理系统设计 [J]. 电脑知识与技术，2017，13（30）：39-41.

[16] 项文凯 . 乐清市市政工程建设政府管理分析 [D]. 四川师范大学，2017.

[17] 刘恒 . 市政建设工程决策中的公众参与问题研究 [D]. 广西大学，2015.

[18] 樊霄鹏，杨东方，宋建华 ."智慧郑州"框架下的规划"一张图"系统建设及应用 [J].《规划师》论丛，2015，（00）：321-327.

[19] 曾海滨 . 应用价值工程控制市政工程造价 [J]. 江西建材，2015，（11）：252+255.

[20] 孙志刚 . 论施工管理在市政工程道路建设的应用 [J]. 居业，2015，（08）：151-152.

[21] 李曙曦 . 中国市政工程建设中的目标管理问题研究 [D]. 云南大学，2013.

[22] 汪艳 . 市政工程的全过程造价管理研究 [D]. 华东理工大学，2014.

[23] 胡少麟 . 上海市政工程建设管理系统设计与实现 [D]. 大连理工大学，2013.

[24] 付朝阳. 市政工程项目建设三维虚拟动态管理技术研究 [D]. 石家庄铁道大学，2013.

[25] 熊蕾. 市政工程设计阶段的工程造价控制 [D]. 华南理工大学，2012.

[26] 潘江秀. 城乡规划管理信息系统的设计与建设 [J]. 电脑知识与技术，2012，8（08）：1937–1939.

[27] 李自，张新长，曹凯滨. 县域城乡规划管理信息化平台体系创新与建设应用研究 [J]. 测绘通报，2011，（01）：64–67.

[28] 周素兰，张才荣. 小城镇地下管线档案管理对策研究 [J]. 山西建筑，2008，（13）：238–239.

[29] 李旭彪. 市政工程施工管理综合评价体系研究 [D]. 西南交通大学，2007.